U0577027

齐宏◎著

高效思考

拥有快速解决问题的能力

北京日报出版社

图书在版编目（CIP）数据

高效思考：拥有快速解决问题的能力 / 齐宏著. --
北京 ： 北京日报出版社，2021.1
　　ISBN 978-7-5477-3912-9

　　Ⅰ．①高… Ⅱ．①齐… Ⅲ．①思维方法 Ⅳ.
①B804

中国版本图书馆CIP数据核字(2020)第234243号

高效思考：拥有快速解决问题的能力

出版发行：北京日报出版社
地　　址：北京市东城区东单三条8-16号东方广场东配楼四层
邮　　编：100005
电　　话：发行部：（010）65255876
　　　　　总编室：（010）65252135
印　　刷：三河市信达兴印刷有限公司
经　　销：各地新华书店
版　　次：2021年1月第1版
　　　　　2021年1月第1次印刷
开　　本：880毫米×1230毫米　　1/32
印　　张：9
字　　数：180千字
定　　价：48.00元

版权所有，侵权必究，未经许可，不得转载

人类文明的辉煌已经足以证明人类智慧在自然界中的"霸主"地位。即便人类没有锋利的爪牙，也没有可以翱翔的翅膀，甚至于五感都要比其他动物弱得多，但人类的头脑与智慧却足以弥补一切短板，让人类傲然挺立于食物链的顶端。

一个人懂不懂得运用自己的头脑进行思考，决定了有没有解决问题的能力。这也就是为什么，不同的人做同样一件事，有的哪怕拼尽全力也难以做出什么成绩，有的却毫不费力就能收获令人满意的结果。

这并非是在夸大其词。我们做一件事，需要投入的成本包括时间成本和物质成本，这些成本经过一定的运作之后，便会反馈给我们相应的收益，这些收益与投入成本之间的差额就是我们通过做这件事能够得到的利润。

高效思考：
拥有快速解决问题的能力

在任何相同的公式下，对应的变量不同，获得的结果也会不同。那些善于思考的人，往往会用自己的智慧找到更简单快捷的方法，尽可能地减少时间成本或物质成本的投入，同时提高成本转化率；而那些不会思考，只懂得一味蛮干的人，则只能遵循既定的套路赚取既定的利益。如此一来，久而久之，双方所能获得的利益差距将会越来越大。

或许有人会说："有什么办法呢？我的头脑本就不如别人聪明，即使想思考也无从入手啊！"

诚然，在这个世界上，确实有的人天生就比别人聪明。但人的思维方式和思考习惯其实都是可以通过一定的方法来训练的，只要掌握这些方法，任何人都能实现高效思考。本书所能带给各位读者的，正是一套实现高效思考的实用训练方法。希望每一位读者在掌握这套训练方法之后，都能学会快速解决问题。

第一，你得养成良好的思考习惯，无论遇到任何事情，在行动之前，都先运用你的头脑想一想，然后再做出决策。

第二，在这个世界上，即使是再复杂的问题，其实只要捋顺解题思路，就不会走投无路。所以，当你思考无门的时候，不妨试着先好好回顾一下你所遇到的问题，找到问题的关键，说不定就能打开关键环节的突破口。

第三，真相不只有一个。在解决问题时，不要因为找到解决方法便轻易满足，只有找到最优的方法，才能事半功倍，获得比别人更高的回报率。

第四，你要敢于质疑一切。无论做任何事情，有所怀疑，才能有所突破，从而发现更具深度的人生命题。

第五，建立系统的思考方式，当你能够成功地将思维系统化之后，你会发现，许多看似复杂的问题，实际上都有一套既定的方案可以解决。

第六，建立起一条严密的逻辑链。任何的思考都应该是符合逻辑的，将逻辑捋顺，你在解决问题的时候就能减少时间、精力和物质上的投入，让自己在这个过程中有更多的收获。

第七，学会透过现象看本质，把握本质才能看清事物发展规律。

第八，让你的思考实现跨界，成功变现，从而打破生活的桎梏，为人生带来新的活力。

　　第九，在建立"系统"、完善"套路"之余，更要学会打破固有的思维模式。出其不意，才能实现绝地反击。

　　最后，正所谓"大道至简"，有时最高效的思维就是极简思维，而直觉正是极简思维的极致。

目 录
Contents

辑六　建立逻辑链
——思考有"套路"，才能更高效

辑七　洞悉未来
——规律的秘密，人人可参透

辑一　思考的力量

——为什么有的人努力无效，有的人毫不费力

～～～～～～～～～～～～～～～～～～～～～～～～

　　不同的思考方式、思考能力带来了不同的结果。不会思考的人努力无效，会思考的人毫不费力。那么，高效思考的第一步该怎么走呢？

思考是无边的力量

"会思考"与"不会思考"究竟有什么区别？在回答这个问题之前，先来看一个题目：1+2+3+4+5+…+100 等于多少？

做这个题目，不会思考的人大概会拿出稿纸或掏出手机，老老实实、一步一步地将这些数字加起来。虽然这是数学上最为简单的加法运算，但由于数字众多，中途还可能出现一两个小失误，最后花费十几分钟，总算得出了答案。

而会思考的人在看到这个题目之后，经过细心的观察与思考，会发现这样一个规律：1+99=100，2+98=100，3+97=100…49+51=100，这样一来，就是 49 个 100，再将剩下的一个 50 和一个 100 加上，答案立刻就出来了：5050！

只要找到规律，不到一分钟，就能得到正确答案。

这就是"会思考"与"不会思考"的差别。

不论做任何事情，当你学会思考之后，你会发现，这件事远比你想象中要简单，而你也完全可以将这件事情做得更快、更好、更有深度。

爱因斯坦就曾说过："思考、思考、再思考，我就是靠这个学习方法成为科学家的。"而他也确实在经过"十年的沉思"后，建立了狭义相对论。

那些在各个领域获得过杰出成就的人，几乎都具备一些同样的特点，比如思路开阔，善于思考，敢于质疑权威、提出想法等。可见，无论是在工作还是在生活中，思考都是非常重要的，它决定了一个人是否能够有所作为，决定了一个人的人生究竟可以达到怎样的高度。

我国著名的语言学家黎锦熙在其回忆录中讲过这样一个故事。

"民国头十年间，我在湖南办报，当时常帮我们抄写文稿的有三位青年。第一位是不问文稿的内容，什么都抄，就连文稿中的技术性错误，也照抄不误；第二位是见到文稿中的

高效思考：
拥有快速解决问题的能力

问题总是要提出来，并能主动润色修饰；第三位则与众不同，看到与自己观点不同的文稿就干脆不抄，更不屑于在枝节问题上纠缠。这三位青年后来的前程大不一样。第一位，终身不过是一个小职员，在历史上默默无闻；第二位后来成了中国著名的作家、戏剧家，他就是田汉；第三位，则在历史上成就了一番大事业，此人即毛泽东。"

三个人做的是同样的抄写工作，但却有着不同的工作方式和思考习惯。第一位青年就是"不会思考"的人，他只是在机械地完成工作，赚取报酬；第二位，也就是田汉，他在工作时是加入了自己的思考的，而他的思考主要集中在对文字表达层面的思考上；第三位，也就是毛泽东，他同样有自己的思考，并且这种思考已经渗透到了内容与观点上，是更有深度的思考。

正如巴尔扎克所说的："一个能思考的人，才真是一个力量无边的人。"

牛顿不是世界上第一个被苹果砸到的人，但他却因为一个苹果的掉落而展开思考，从而发现了万有引力。人类文明的进步，正是由不断地思考与实践来推动的。

"学而不思则罔，思而不学则殆。"一个人，想要进步，就要学习，而想要真正做到学以致用，让所学的东西创造价值，就要敢于思考、勤于思考、善于思考。

在《聊斋志异》中有一个书生，每天都勤奋地读书，他家中有一万多卷存书，有些书他几乎都能倒背如流。然而，由于他只是埋头苦读，却从来不曾去思考自己所读到的东西，所以除了能熟练地背诵书上的文字之外，他最终一无所得，成了别人口中的"书呆子"。一个不懂得思考的人，即便读再多书，也无法真正拥有知识与学问，更别提将这些知识与学问运用到现实生活中，创造出价值了。

思考是人类最宝贵也最强大的力量。一家企业如果不懂思考，只会跟风，那么它永远也无法打造出属于自己的品牌；一个人如果不懂思考，只会盲从，那么他永远也走不出属于自己的人生。

在生活中，不同的人做同一件事，有的游刃有余，有的却疲于奔命，说到底，这其实就是"会思考"与"不会思考"的差别。会思考的人在做事情时，会通过自己的智慧，找到一种最适合自己的方法，摒弃那些不必要的步骤和麻烦；而

高效思考：
拥有快速解决问题的能力

不会思考的人却只会循规蹈矩，在各种条条框框的束缚下举步维艰。

　　无论做任何事情，都请记住：勤于思考。切勿人云亦云，盲目跟风。遇到问题，不仅应该弄清楚是什么，还应该弄清楚为什么，更要弄清楚该怎么办。如此，既有看法，又有说法，还有办法，才算是真正解决了问题、吃透了问题，并将其化作宝贵的人生经验。

超越平庸，你需要打开脑洞

西方有这样一句谚语，成功不在于金子，而在于脑子。

这个世界从来就不存在绝对的公平，人与人的起点注定是不一样的，而若是想要打破阶级，超越平庸，你就需要打开你的脑洞，运用你的头脑。很多时候，绝妙的点子源自那些看似天马行空的奇思妙想，当我们拥有奇思妙想，并能想办法将之变为现实的时候，成功的大门自然也就打开了。

假如给你一块手帕和一个杯子，让你变出一杯水——想必很多人都会觉得非常可笑，这根本就是不可能做到的事情！然而，如果你将这些东西交给一名魔术师，那么他只需要小小的技巧，就能在掀开手帕以后给你一杯水。

高效思考：
拥有快速解决问题的能力

很多时候，生活给我们的，就是这一块手帕和一个杯子。平庸者只能捧着空杯，举着手帕，在唉声叹气中庸庸碌碌；而成功者却懂得运用自己的头脑，让"无水"生出"有水"，将天马行空的"不可能"变为现实。

我们看下面这个靠打开"脑洞"，将奇思妙想变为现实，从而取得成功的例子。

众所周知，牛仔裤最大的优点就是结实耐磨，且穿起来时髦又舒适，因此深受大众喜爱。

然而，再好的东西，时间久了，都会不可避免地产生审美疲劳，牛仔裤也是如此。因此，在牛仔裤流行之后的某一段时期，牛仔裤的销量陷入了停滞状态，让一众厂商头疼不已。就在这个时候，一位设计师突发奇想，把结实耐磨的牛仔裤设计成了破破烂烂的"乞丐裤"，这种破而不烂的新潮设计立刻俘获了广大青年男女的心，让牛仔裤再一次引领潮流！

即便在今天，这种以"破"为内涵的设计风格也依然是时尚流行的"宠儿"，走在大街上，随处都能看到各式各样的"补丁牛仔服""破洞牛仔裤"。若不是当初设计师"脑洞"

大开，谁又能想到，这种看似与牛仔裤结实耐磨优点完全背道而驰的设计，竟会取得如此巨大的成功呢？

古往今来，有太多的天才，最初都是人们眼中的"疯子"；有太多的成功，一路都伴随着旁人的"唱衰"。因为很多时候，天才们的脑洞总是令人惊叹的，他们总会不计后果地去做那些看似天马行空、危险至极的事，时刻游走在倾家荡产、一败涂地的边缘，然而，却也正是这些看似"不可能"的事情，最终成就了他们的辉煌与传奇。

比如有硅谷"钢铁侠"之称的埃隆·马斯克，他的梦想是"能在火星上过退休生活"。想必绝大多数人在孩提时期都曾有过类似的梦想，都曾憧憬过神秘而广袤的太空。但在年纪渐长之后，许多人都会认识到，这不过只是"儿时不切实际的梦"，因为在人们的常识中，想要登上火星，简直就是天方夜谭，更别提在上面生活了。

然而，这世上的一切创举，有什么是不艰难的呢？在电话发明之前，人们以为，只有面对面我们才能展开言语的交流；在电灯发明之前，人们以为，黑夜只能靠月亮和油灯来提供微弱的光明；在飞机发明之前，人们以为，只有鸟儿才

高效思考：

拥有快速解决问题的能力

能在天空展翅飞翔……在人类的进步史上，有着许许多多脑洞大开的科学家、发明家，他们将天马行空的想象变为现实，让"不可能"成为"可能"。

很多时候，成功就是从"不可能"开始的。若你从一开始就关闭了你的脑洞，接受一切"常识"的限制与禁锢，那么即便你再聪明、再富有，你的人生也是有所限制的。或许你能在一定范围内取得成功，但你永远也不可能突破你所处的阶级，将你的能量发挥到最大。

想想我们在现实生活中获取知识，了解世界的种种渠道：老师的教授，学校的学习，书本的知识，专家的结论……我们似乎总是未经思考就接受了这些"真理"，在不知不觉中将自己的思维禁锢在了各种"框架"之中。这是多么危险的事情啊！若我们只是接受，却不懂思考，那么又如何超越现在，推动人类文明继续向前呢？

而最为可怕的是，很多人不仅对此浑然不觉，甚至总是不自觉地试图用所谓"常识"去束缚或抵制那些有着超越"常规"脑洞的人。殊不知，许多时候，阻碍我们向前的，往往正是所谓的"常识"。

想要超越平庸，你就需要打开脑洞。只有先让思维活跃起来，敢于怀疑一切，探索未知，我们才有机会触摸到成功的大门。

忙碌却无为，是因为思维方式不对

"有些人之所以能够开创新天地，并非是因为他们有着丰富的经验或超越常人的智慧，而是因为他们始终遵循人类真正的精神，并凭借基本的真理与原则去做决定。"这是"经营之神"稻盛和夫先生说过的一句话。其中提到的"基本的真理与原则"，所指的其实就是我们在看待问题时的思维方式。

很多时候，即便身处同样的环境，面临同样的问题，不同的人依旧会有不同的选择。这是因为，每个人都有自己独特的思维方式，不同的思维方式决定了人们在面对问题时的不同选择和不同解决方法。故而在这个世界上，即便处于同一起点、同一阶层，有的人活得意气风发，有的人却不管怎么挣扎都碌碌无为。

监狱里来了三个年轻的囚犯，一个美国人，一个俄罗斯人，还有一个犹太人。

监狱长是位慈祥的长者，不忍这三个年轻人在监狱里蹉跎时光，便对他们说道："这样吧，你们想一想，有什么特别想做的事，我可以满足你们每人一个愿望。"

美国人率先开了口，他是犯了抢劫罪被关进来的，他说道："我想要一万美元，在这个世界上，什么都比不上有钱更实际。"

监狱长爽快地答应了他的要求，给了他 1 万美元。

接着，俄罗斯人也开口了，他说道："就给我 30 箱伏特加吧，要是没有酒，那日子还过得有什么滋味儿啊！"

监狱长也满足了他的要求，给了他 30 箱伏特加。

最后一个是犹太人，他说道："我需要一部随时能与外界联系的电话，您能满足我这个要求吗？"

监狱长犹豫了许久，最终还是答应了。

三年后，这三个囚犯都顺利刑满释放了。美国人因为常

高效思考：
拥有快速解决问题的能力

常在狱中与人赌博，早就把一万美元输了个精光，出狱的时候又变回了和从前一样的穷光蛋；俄罗斯人因为喝酒过多，不幸得了肝硬化，就连出狱都是医生抬出去的；而犹太人呢，因为一直靠电话与外界联系，把自己的生意处理得井井有条，反而变得比以前更富有了。

瞧，同样是囚犯，同样拥有一个愿望，不同的思维方式却带来了截然不同的结果。可见，人生的际遇很大一部分都是由你的思维方式所决定的，如果你觉得自己一生都碌碌无为，那么一定是你的思维出现了问题。

人生不如意之事，十之八九，哪怕同样是跌入低谷，掉落悬崖，也总有人能从逆境之中站起来，绝地反击，成就更辉煌的未来。所以，别把自己的平庸与失败都甩锅到命运头上，与其怨天尤人，倒不如停下来好好反思一下，找对正确的思维方式，开启成功的人生道路。

硅谷当中有许多强大的企业都起步于大学宿舍，或起步于某个人的车库。在这一时期，只要能帮上忙的人，必然都能成为联合创始人，几百美元的投资，将来可能会获得上亿美元的回报。但并不是所有人都能抓住这种机会。

Facebook 就是扎克伯格在大学宿舍里发起的项目，他的大学室友大多参与了这一项目，日后不管是否留在 Facebook，他们的股份都能让他们成为亿万富翁。这其中，有一个扎克伯格盛情相邀但最后却没有加入 Facebook 的人，他叫乔·格林。乔·格林并非庸碌之辈，如今他也开办了一家价值数百万美元的公司，与 Facebook 是合作关系。他本人加入了约翰·克里的总统竞选团队，虽然没有获得成功，但也能从侧面看出他的能力。

乔·格林没有参加 Facebook 的原因很简单，他不愿意从哈佛辍学。或许金钱对他来说没那么重要，完成学业才是更大的成功也未可知。不过从他本人的说法来看，似乎是因为他的父亲并不看好扎克伯格的创业，所以他才选择继续完成学业。

吉姆·坎特雷尔是 SpaceX 的联合创始人之一，甚至从某种意义上来说，他比埃隆·马斯克更具成功的条件。当他接到埃隆·马斯克的电话，听说埃隆·马斯克要做私人航天公司的时候，就已经心怀疑虑了。等到马斯克和坎特雷尔去俄罗斯购买推进器失败，马斯克表示要自己制造火箭的时候，

高效思考：
拥有快速解决问题的能力

坎特雷尔觉得马斯克可能是疯了。于是，在 SpaceX 正式成立的时候，坎特雷尔观望了几个月以后就毫不留恋地走了。用他的话来说，马斯克看不到自己怎么会失败，而他看不到马斯克怎么能成功。

最后，马斯克和 SpaceX 获得了成功，而坎特雷尔却不能分享这份喜悦。坎特雷尔本人在马斯克成功以后联合其他人成立了矢量公司，这同样是一家航天公司，他亲自出任 CEO。相信他一定对自己当年的决定后悔不已，否则也不会选择在马斯克成功以后选择一条相似的道路了。

坎特雷尔比马斯克更懂技术，比马斯克更有人脉，但是由于不同的思考方式，他选择了退缩。这样错误的选择，让他错失了人生当中最重要的机会之一。

当你觉得自己忙碌不已，却一无所获时；当你陷入困境，感到力不从心时；当你茫然无措，不知该走向何方时——请停下来，好好回顾一下自己走过的路、做过的选择吧！如果你发现自己始终局限在某个狭小的圈子里，始终停留在原地打转，那么很显然，你的思维出现问题了！

在这个世界上，但凡是能够在某个领域取得成功的人，无一不是善于思考、勇于改变的人，他们懂得运用自己的头脑和智慧，做别人做不了的事，走别人走不通的路，并一次次打破桎梏，改变命运！

　　如果你也想要获得成功，也想活出属于自己的精彩，那么，是时候该做出改变了！别让错误的思维局限了你的视野，从而错过通往成功与财富的大门。

你是在思考，还是在瞎想？

　　人们总是容易将"思考"和"瞎想"的概念弄混，以为只要脑海中开始"想"某些事情就叫作"思考"。但其实，"瞎想"与"思考"是两个完全不同的概念，人每时每刻都在"想"，却并非每时每刻都在"思考"。

　　如果你脑海中所想的一切并不能帮助你解决问题，反而还会给你增添新的烦恼，这种毫无用处、毫无逻辑的"所思所想"，又怎么能叫作"思考"？很多时候，你以为自己是在思考人生，但只要停下来回顾一下脑海中出现的一切，就会发现，自己其实只是在瞎想而已。

　　那么，或许有人会发问了，那到底什么才是"思考"呢？

　　简单来说，思考是一种有目的、有逻辑的思维过程，是为了找寻解决某个问题的方法而产生的组织信息。换言之，思考其实就是一个寻求答案的过程，如果我们的思维没有明确的方向，也并非是就某个具体明确的问题展开思索，那么我们的所思所想就仅仅只是在"想"而已，并不是思考。

　　举个例子，某天你发现和你关系原本很好的某位同事，突然对你爱答不理，而且脸上也摆出一副不高兴的表情。于是你便开始想：是不是自己做了什么事情，无意中得罪了对方而不自知呢？

　　产生这个想法之后，你便开始在这两天的记忆中进行地毯式搜索，不断地回放与对方相处时发生的事情，试图在其中找到某些蛛丝马迹。在经过一番仔细的回忆和严密的推理分析之后，你终于确定了答案：一定是因为昨天你把对方最喜欢的辣条吃掉了，却完全没有留给对方。

　　于是，为了修复与同事的关系，你特地买了一大包辣条给对方。结果没想到，对方却告诉你："谢谢，我就不吃了，胃疼了一早上，特别难受，一定是昨晚火锅吃得太辣……"

　　这个过程看似是在思考，但实际上只是"想太多"而已。

高效思考：
　　拥有快速解决问题的能力

　　之前说过，思考最基本的前提是有一个具体明确的问题。而"我为什么会惹同事生气"这个问题虽然很具体，但却只是一个未经过验证的推测而已，并非是一个明确存在的事实。一个甚至都不能确定其"事实性"的问题，想再多又有什么意义呢？那么你的思维过程再有理有据，只要这个问题的事实性不能被确认，那么想得再多也都是在做无用功。

　　在现实生活中，其实很多人都存在这样的问题：习惯用一些假设性的议题来自寻烦恼，庸人自扰。尤其是在打算做某件事的时候，总会不断设想一些还未发生且不一定会发生的状况，从而展开联想。到最后，事情还未开始做，就自己把自己"劝退"了。

　　虽然说，不管做什么事情之前，都应该做好最坏的打算，但做好最坏的打算，并不代表就要不停地去为还不曾到来的烦恼而担忧，这不叫"思考"，也不叫"未雨绸缪"，而是叫作"想太多"。

　　人天生就会思考，这几乎是每个人都拥有的本能。但即使是思考，也有优劣之分。有的人思考得浅显，只能找到问题表层的答案；有的人思考得深入，能透过现象看到事物的本质。不同程度的思考往往会给我们带来不同的结果，从而让我们做出不同的选择，走上不同的人生道路。

人只要处于清醒状态，大脑便不会停止运转。但在大多数时候，我们脑海中所想的东西其实都是没有什么价值的。在日常的生活和工作中，我们时时刻刻都会接收到各种有用或无用的信息，而这些信息也会刺激我们的思维，从一件事跨越到另一件事，甚至是将无数信息糅杂在一起，混乱不已。

即便是思考，也分有效思考与无效思考。前文中说过，只要是有明确目的和逻辑的寻求答案的过程，都可以称之为思考。也就是说，这个世界上，一切的问题都是可以用来思考的，但并非所有被思考的问题都有其必要性，也并非所有被思考的问题最终都能得出明确的答案或结论。

事实上，真正有价值的思考只包括两个维度，一是问题当下的必要性；二是答案的明确度。比如，苹果手机和华为手机，哪一个更好用？这个问题是可以被思考的，但如果你并没有任何更换手机的打算，或者说你根本就不准备从这两个品牌中选择其一，那么思考这个问题对你来说就是没有任何价值和意义的。

高效思考：
拥有快速解决问题的能力

　　首先，它并不具备当下思考的必要性；其次，这个问题的答案说到底更多是由思考者的主观意愿所影响的，而若是你对这两个品牌的手机都没有多少了解的话，也并不能得出一个明确的答案。所以说，在这样的条件下，关于这个问题的思考，就是一种无效思考。

　　那么，有没有什么办法，可以帮助我们避开无效思考，从而提升有效思考的效率呢？

　　第一，确认思考的目标。

　　既然思考是一个寻求答案的过程，那么在展开思考之前，我们首先要做的就是确认自己的思考目标，搞清楚自己究竟要思考的问题是什么，以及这个问题是否具体明确，而并非毫无根据的猜想或推测。只有问题具有事实意义，思考才不会是做无用功。

　　第二，排查思考的问题。

　　永远不要去思考诸如"为什么"这样的问题，而应该将其替换成"怎么样""什么原因"以及"如何去做"。"为什么"是一个过于宽泛的概念，非常容易让我们的思维发散开来，从而降低思考的效率。

第三，确认思考的价值。

在开始思考之前，先想一想，完成这个问题的思考究竟具有怎样的意义，或者能给你带来怎样的价值。如果想来想去都没有结果，那么你可以果断绕开这个问题，不需要再浪费时间和脑细胞去想太多。

第四，明确思考的过程。

思考是讲究方法的，方法得当，思考才能高效，逻辑才能清晰。比如在思考一个问题的时候，你可以先将所有能够想到的解决方案都罗列出来，然后经过横向对比后，挑选出最优方案。选定最优方案之后，再进一步将实现该方案可能会遇到的问题罗列出来，逐一击破。

这样有条理地进行思考，可以帮助我们更好地捋顺逻辑，并绕开一些没有意义的冗杂问题，在节约时间的同时提高有效思考的效率。

辑二　打开困局的思路

——捋顺解题思路，就不会走投无路

〰〰〰〰〰〰〰〰〰〰〰〰〰〰〰〰〰〰〰〰

　　人生处处是岔路，处处面临选择。你究竟能走到什么地方，是由你的思路所指引的。有些思路会将你带进死胡同，而有些思路则会将你摆渡到成功的终点，这其中的差别取决于你解决问题的思路。

为什么你不遗余力，却无法解决问题

在这个世界上，确实有一些事情是过程比结果更重要的，比如生活，因为活着的每一天对于我们来说都是有意义的。我们活着，是为了享受每一个时刻，而不是为了尽快赶到终点。但也有一些事情是结果比过程更重要的，比如某项工作任务，或者某个计划要达成的目标，因为如果无法完成，那么我们在整个过程中所付出的时间与精力就都没有任何意义了。

很多时候，我们想要做成一件事，头脑往往比力气更重要。这就好比解一道数学题，方法用对了，也许只用两三个解题步骤就能得到满分；但如果方法用错了，那么哪怕你满满写了一页纸，也求不出正确的答案。

张雅是个特别努力的人，无论做什么事情，都有一股"不撞南墙不回头"的执拗劲儿。当初她能打败诸多学历比她高、条件比她好的人进入公司，正是这股执拗劲儿引起了领导的注意。

进入公司之后，张雅在工作上也确实是不遗余力，每天最早来的是她，最晚走的还是她。为了给产品做推广，她可以三天就走坏一双鞋；为了说服客户同意合作，她可以顶着骄阳烈日一等就是几个小时。可奇怪的是，即便她付出了这么多的努力，她的业绩也并没有多么突出，放眼全公司，也不过是中上游的水平。虽说也不差，但总觉得似乎"配不上"她的努力和付出。

和张雅同期进公司的还有一个女孩叫苏晴，是公司里业绩最好的"明星员工"。但与张雅的"拼"相比，苏晴的努力可真就有些不够看了。每天不按时上下班不说，她还有多余的时间去学一些看似和工作没有多大关系的技能，比如 PPT 制作、企业管理等，还在网络上远程学习日语。

对于张雅和苏晴的情况，领导也觉得有些纳闷，一个恨不得把命都拼上，另一个却不管做什么都游刃有余，可前者的业绩却怎么也比不上后者呢？直到有一次，公司委派张雅和苏晴共同负责一位客户的时候，领导终于找到了答案。

　　那是公司一直试图争取的一位大客户，领导让张雅和苏晴一起负责，也是存了想要考察两人的心思。

　　接到任务之后，张雅几乎一刻也没有停留，直接就冲到客户公司，准备约见客户。而在被拒绝约见之后，张雅也没有放弃，顶着大太阳在客户公司门前"蹲点"，颇有种不达目的誓不罢休的气势。

　　在张雅忙着"纠缠"客户，试图用自己的努力与诚意打动对方的时候，苏晴却是安安稳稳地坐在公司吹空调呢。当然，她也并不是什么都没做。她先花了两天时间，通过各种渠道收集了客户公司的具体信息，并了解了此前公司其他同事与客户接触的详细情况，甚至还抽时间给客户做了个"个人档案"，里面详细记录了她所收集到的客户相关信息，包括对方的身高体重、兴趣爱好、家庭状况、日常行程等内容。

　　做好这一切准备之后，苏晴带着一份薄薄的计划书，通过另一位较为熟悉的客户牵线搭桥，在那位客户周末常去的高尔夫球场和对方上演了一场"偶遇"，并成功通过那份专门针对其公司业务需求而做的计划书引起了对方的兴趣，获得了正式约谈的机会。

之后的事情自然也就顺理成章了，准备充分的苏晴成功与客户达成合作，为公司签下了一个大单，也为自己的业绩再次添上漂亮的一笔。

很多时候，想要做好一件事，单单只付出努力是不够的。就像张雅，她确实足够努力，足够不遗余力，可她的努力有很大一部分都没有用对地方；从效果上来看，她所付出的努力，有很大一部分是没有任何价值的。她或许付出了十二分努力，但摒除那些没有价值的付出之后，她所得的反馈可能仅仅只有四五分。

苏晴则不同，虽然看似没有张雅那么"拼"，但她所付出的每一分努力都是有意义、有价值的，她的努力不是毫无计划地蛮干，而是步步为营地攻略。所以，即便她只付出了八分，但因为每一分力都使到了最合适的位置，发挥出了最大的效用，这足以让她收获十分，甚至更多。

在现实生活中，有很多像张雅这样的人，他们确实勤奋努力，不管做任何事情，都不遗余力地去拼搏，但偏偏缺乏正确的方向与计划，以至于明明付出很多，却总是收效甚微。他们总是不明白，为什么明明已经那么努力，却依然收获甚微？为什么明明已经不遗余力，问题却依然得不到解决？

事实上，当你发现自己的付出与收获不成正比时，你就应该立即停下来想一想：你所做的事情是否找对了正确的方向？你的努力和付出是否找对了方法？如果你所做的一切，连明确的目标和计划都没有，只是像无头苍蝇一样无休止地乱撞，那么你付出得再多又有何用呢？力使不到点子上，就永远无法产生好的效果，那么你所使的力也不过就是白白浪费掉罢了。

努力虽然听起来很伟大、很高尚，但却不是解决问题的最佳方案。努力是万事俱备以后需要的条件，而不是获得成功的充分条件。你的努力必须要与你的思考相匹配，才能产生你想要的效果。否则，就会出现"我已经那么努力了，为什么还不能成功"这样的问题。当然，在你脑海中出现这个问题的时候，或许已经开始思考了。

你所谓的走投无路，其实是一叶障目

常常听到有人说自己已经"走投无路"了，然而生命本就有着无数种可能，通往成功的道路也从来不会只有一条。一条路走不通，换一条路走便是了。很多时候，你所谓的"走投无路"，不过只是一叶障目而已。

有一个小男孩和一个小女孩，他们是最好的朋友。小男孩梦想成为画家，小女孩梦想成为钢琴家。但不幸的是，一场车祸粉碎了他们的梦。小男孩在车祸中失去了光明，小女孩则在车祸中丧失了听力。所有人都为他们的悲惨而叹息不已，担心他们从此一蹶不振。然而令人意外的是，小男孩和小女孩却偷偷做了一个约定：帮彼此实现梦想。

高效思考：
拥有快速解决问题的能力

于是，多年之后，小男孩成为钢琴家，而小女孩则成为画家，他们依然是最好的朋友，并且用一种特殊的方式，填补了生命的遗憾。

人生或许无法圆满，但绝对不会走投无路，很多时候，或许只需要换一个方向，换一种思维，便能柳暗花明。

很多时候，当我们为自己制定了一个目标，却在实现目标的过程中遇到无法解决的困难时，许多人都会产生一种"走投无路"的错觉，从而陷入深重的挫败感中无法自拔。但实际上，通往成功的路从来都不止一条，这个目标无法实现，我们完全可以换一条路，重新制定一个目标。

路，其实一直都在我们脚下，之所以有时看不见，是因为我们将思维局限在了最初的目标上，一叶障目，却忘记了，人生的路本就是靠我们自己一步步走出来的，没有规定要求我们必须得顺着某一条一直走下去，哪怕遇到峭壁深渊也不能回头。

曾经热播的某部电视剧中有这样一个情节：

一个小宫女在清洗一块贵重的布料时，不慎将布料洗坏，惹得管事嬷嬷破口大骂。如果无法找到另一块布料来代替，惹怒了贵人，那么所有的人都要受罚。不幸的是，偏偏这块布料是最后一块。就在大家都觉得"走投无路"之际，聪明的女主角站了出来，以绝妙的构图和高超的绣技，在布料被洗坏的地方绣上了一幅栩栩如生的荷花露珠图，赢得了贵人的赞赏。

按照大多数人的思维，布料被洗坏了，那自然就成了瑕疵品，瑕疵品的价值必然大打折扣。可剧中的女主角却看到别人不曾看见的另一种可能，并巧妙地利用构图和绣花将破洞转化成优势，让原本已经"瑕疵"的布料顿时变得更加"完美"。

人生有着无限的可能。很多时候，我们之所以会觉得自己"走投无路"，不过是因为在遭遇挫折时，被那些不好的事情遮蔽双眼，从而让目光变得越来越短浅，只会盯着眼前的困难，并将其无限放大，却忘记了人生中的其他可能性。其实只要移开遮挡在眼前的那片"叶"，让思维稍稍拐个弯，就会发现，前方的道路有千万条，我们的未来也有着无限的可能。

破解关键环节，问题就能迎刃而解

很多人在求学的时候都从老师口中听过这样一句话："做题百遍，其义自见。"因为无论多么复杂的题目，只要抓住其中关键的条件和知识点，问题就能迎刃而解。而做的题目多了，所了解的题型自然也就多了，解题时自然也就更能找准关键条件。

其实在生活中也是如此，那些看似糟糕的困局，未必就真的无解。很多时候，只要稳定下心绪，认真观察，冷静思考，抓住其中的关键点，事情未必就没有回旋的余地。正所谓凡事皆有起因，任何问题都有其引发的根源，只要能解决根源问题，那么再复杂的局面，也必然能够找到出路。

20 世纪 60 年代的时候，东芝电器曾遭遇过一场危机，大量的电风扇因滞销而积压在仓库里。公司上下都为此而忧心忡忡，想尽各种办法，却都无法有效提升电风扇的销量。就在这个时候，公司一位姓木村的职员向董事长石板先生提出了一个建议：改变电风扇的颜色。

当时，市面上的电风扇几乎都是黑色的，东芝电器的电风扇也是如此。在得知木村的建议之后，公司里很多人都提出了反对意见，他们认为，电风扇"本就应该"是黑色的，这就仿佛市场上一个约定俗成的"规矩"一般，若是自家公司突然把电风扇的颜色改变了，那岂不是与大环境格格不入，到时候恐怕不仅不能提升销量，反而让东芝电器成为业界的笑柄！

众人的反对与讥讽并未影响到木村，他耐心地向董事长解释了自己的想法，并成功说服董事长和诸多领导同意了这一建议。

很快，东芝公司就推出了一批新的产品——浅蓝色的电风扇。这批产品与之前的电风扇在功能方面并没有太大区别，唯一不同的就是它们有了新的颜色，而不再只是千篇一律的黑色。令人意外的是，这批电风扇一上市就赢得了消费者的青睐，短短几个月销量就达到几十万台。

这次改革的成功让东芝电器喜出望外，此后，公司又相继推出了各种颜色的电风扇。而东芝的成功也使得其他厂商纷纷效仿，自此，市场上的电风扇也不再只是千篇一律的黑色。

困扰了公司上下的商品滞销问题，仅仅通过简单地改变颜色，就得到了完美的解决。生活中很多事情其实都是如此，看似复杂无解，但只需要找到关键，启动那个小小的"开关"，就能得到出人意料的惊喜。

无论是在生活中还是在工作中，我们都会不可避免地面对一些看似庞大复杂，令人望而却步的问题。在这种时候，有的人因为无法跳出思维的桎梏，只一味地用固定的思维方式去考虑问题，而找不到问题的关键所在，最后只能像无头苍蝇一般四处乱撞，却怎么都找不到出路。而有的人却能在冷静的观察和突破性的思维中找准关键点，从而在"山重水复疑无路"时，迎来"柳暗花明又一村"。

人的潜力是非常大的，很多时候，当你以为自己做不到的时候，或许并非是你的能力不足，而是你没有找准真正的关键。

许多年以前，古希腊著名的数学家、物理学家阿基米德曾对国王说过这样一句话："如果给我一个可以支撑的支点，和一根足够长的棍子，我就能撬动整个地球！"

听到阿基米德的话，国王嗤之以鼻，认为他就是在吹牛，于是便对他说道："既然你如此了不起，那么不妨来为我表演一下吧！正巧港口停着一艘大船，不如你就自己一个人用你的工具器械将它推下水，想必你一定能做到吧！毕竟那艘船和地球比起来，可是轻多了！"

人们得知此事后，纷纷跑来看热闹，他们根本不相信阿基米德可以凭借一己之力将大船推入水中。但阿基米德对此却胸有成竹，他通过测量和计算之后，指挥着工匠在大船前后左右的位置各安装了一套滑轮和杠杆。

做好一切准备工作之后，阿基米德独自一人走过去，拉动了滑轮组的其中一条绳索。令人惊叹的奇迹就这样发生了——只见大船慢慢动了起来，一点点离开地面，最后稳稳地滑入了水中！

高效思考:

拥有快速解决问题的能力

所有人都高声欢呼了起来,就连国王也惊讶得瞪大了眼睛。这个时候,国王总算相信,若是条件允许,阿基米德或许真的能将地球撬起来了。

其实,有一定物理学知识的人都知道,阿基米德缔造的这个"奇迹",所运用的理论就是物理学上广为人知的杠杆理论。当动力臂大于阻力臂时,便能组成一个省力杠杆,利用好这个省力杠杆,每个人都可以十分轻松地移动数十倍,甚至数百倍于自身重量的物体。因此,从理论上来说,只要条件满足,那么阿基米德确实可以通过一个支点和一个杠杆来"撬动地球"。

在现实生活中,很多人想必都有过这样的体会:本以为复杂难解的问题,偶然灵光一闪,只需要改变一个小小的环节,立即就能让劣势变成优势,打开关键的突破口,从而扭转局面,彻底改变整件事情的发展与走向。而这个小小的关键环节,实际上就像是撬动地球的"支点"一样,看似不可能完成的事情,其实只要找对"支点",便能缔造奇迹。

无论是在工作中还是在生活中,当我们面对种种复杂难解的问题时,先让自己冷静下来,运用"杠杆思维"去找出问题的关键，找到那个重要的"支点"。只有找准了"支点"，我们才能将"不可能"变为"可能"，让一切的问题迎刃而解。

解题方法很多，找到最好的那个

每个人每天都会遇到各种问题，不管是什么问题，解决的方法其实都有很多种，而不同的方法所能带来的效果与影响也是不尽相同的。比如有的方法能够帮助我们解决眼前的问题，却并不能消除长远的隐患；而有的方法则可以直指根本，让我们不再有后顾之忧。那么，既然是要解决问题，何不选择最好的方法呢？

实际上，很多时候，人们在解决问题时，并不是不想做得更好，而是不得其法，找不到更好的解决办法。

罗宾·维勒是美国著名的鞋业大王。在刚创业的时候，为了能迅速抢占市场，罗宾专门请人设计了几款非常时髦的鞋子，组织工人批量生产后投入市场。罗宾的策略取得了非常好的反响，订单纷至沓来，一时之间，工厂忙得不可开交。

为了按期交货，罗宾不得不再次扩大生产线，招收更多工人。但即便如此，工厂生产的鞋依旧是供不应求。为了解决这个难题，罗宾将全部员工召集起来，向众人征集意见。

几位主管纷纷发表了自己的意见，归结起来，要么就是继续招收工人，扩大生产；要么就是放弃生产款式较为复杂的鞋子。这些方法确实能够在一定时间内减轻工厂的负担，但罗宾对此并不满意。

就在这个时候，一个年轻的小工人站了出来，说道："我认为，不管是招收更多的技工还是减少鞋子的款式，都不能从根本上解决问题。"

听到他的话，罗宾眼前一亮，问道："为什么这么说？"

小工人说道："因为我们所面临的真正问题是生产效率上不去。"

罗宾若有所思，鼓励小工人继续往下说。

小工人想了想，有些犹豫地说道："我认为，或许我们可以用机器来做鞋，机器的效率比人高多了，而且机器也不需要休息……"

　　听到他的话，众人哄堂大笑，在这个时候，大家还从来不曾听说过有什么机器可以做出鞋子呢，只当小工人的话是异想天开。

　　然而，罗宾却将他的话记在了心上，并对众人说道，"他的想法非常有意义。事实上，他指出了我们思想上的一个盲区：一直以来，我们的思维都集中在招收更多工人或减少鞋子款式这两点上。当然，不可否认，这两种方法都能在短时间内帮助我们解决一些问题，但很显然，它们都不是最理想的方法。而这位小伙子却一针见血地指出了问题的关键——生产效率。虽然他不会创造机器，但他的思路却价值千金。因此，我决定奖励他500美元！"

　　后来，罗宾组织起了一批专家来研制生产鞋子的机器。四个月后，机器研制成功，制鞋业也由此开始进入到机器生产鞋子的时代。而罗宾·维勒也成为美国鞋业界家喻户晓的"鞋业大王"。

　　从罗宾的创业故事中可以看出，想要找到解决问题的最好方法其实并不难，那就是要找到最根本的问题所在，而能够从根本上把问题解决掉的方法，无疑正是最好的方法。

很多时候，我们在解决某些问题时，之所以找不到更好的方法，是因为我们没搞清楚自己所面临的真正问题究竟是什么，以至于让思维陷入误区。就像故事中的几位主管一样，他们只看到"工厂无法完成订单"这个问题，却没有想过，产生这个问题的根源是什么。

所以，在面对问题的时候，我们首先应该做的，是界定这个问题的根源，研究清楚我们究竟应该解决什么。只有先正确地界定清楚要解决的问题，我们才可能找到最好的方法。

比如当你发现工厂的保险丝熔断了的时候，解决这个问题的方法很简单，直接更换一条新的保险丝就可以了。但这未必是最好的方法，因为我们并不清楚保险丝是为什么断的，如果不能解决这个问题，更换新的保险丝之后，大概过不了多久，保险丝依然还是会熔断。在这个时候，我们就应该追问一句"为什么"。保险丝为什么会熔断？如果是因为掉入铁屑，那么铁屑又是怎么掉进去的呢？因为没有防护罩？那为什么会没有防护罩呢？是工厂配置不完善还是其他原因？这样一层层追问下去，找到最根本的问题，然后解决它，消除

高效思考:
　　拥有快速解决问题的能力

一切可能存在的隐患。这才是解决问题的最好方法。

　　解决问题的方法有很多，但不同的方法所能带来的结果和影响也是不尽相同的。比如院子杂乱有碍观瞻，你简单地将院子收拾整洁是解决问题的方法，你为院子种上美丽的鲜花，打造漂亮的园艺作品，同样也是解决问题的方法；比如领导让你负责整理杂乱的仓库，你将仓库里的东西整齐码好是解决问题的方法，你将东西整齐码好后再按照一定的顺序做好入库登记，让一切都井然有序，这同样也是解决问题的方法。

　　这就好比做题一样，同样一道问题，往往会存在多种解题方法，有的方法步骤繁多，思路复杂，有的方法则简便易懂，方便快捷。不管是哪一种方法，最后或许都能得出正确答案，但不同的方法操作起来，却是截然不同的。复杂的解题方法不仅在中途容易出错，而且需要耗费更多的时间；而简便的解题方法则不容易出错，且能提高解题效率。这就是为什么大家明明都是在做同样的事情，有的人总是忙得焦头烂额，而有的人则总能游刃有余。

　　每个人所能付出的时间与精力都是有限的，这些东西虽然无形，但同样具有价值。选择好的方法做事，可以有效帮助我们节约一切有形或无形的成本，从而有效提高做事效率。所以，成功人士往往都是这样：无论面对什么样的问题，他们都习惯于多探讨出几个不同的方案，然后再从中选择最好的方法。

以不变应万变？你会很惨

古希腊哲学家赫拉克利特说："人不能两次踏入同一条河流。"因为河水是在流动的，当你第二次踏入河中时，这里的水已经不再是之前的水了。

当然，哲学家口中的"河流"所指的显然不仅仅只是河流，而是指这个世界上的一切事物。世界时时刻刻都在发生着改变，没有任何东西会永远保持同一个样子，不论是我们所处的环境，所认识的事物，还是我们自身。

而生存于这个世界上，就要懂得顺势而为，根据环境的改变而改变，只有时刻都让自己紧跟世界前进的步伐，我们才不会被时代淘汰。如果只一味地按照自己的脚步，抱持固有的观念，以不变去应万变，那么你一定会输得很惨！

某档创业经营类的综艺节目上，有一期的主要内容是让两个团队各自拿出经营策略，展开商战对抗。在商战中，两队所售卖的商品无论品类、质量还是价格都是同样的，这就意味着，两队比拼的关键在于，如何针对品牌特性策划富有吸引力的方案，从而完成销售任务。参赛的两支队伍分别名为"梦想队"和"励志队"。

梦想队的队长，他提出的策略简单粗暴，那就是促销。因为这一次售卖的商品主要是化妆品、护肤品一类的，故而他们整合了超市和美容院等资源，大肆进行促销宣传，提出"买多少送多少"的口号，吸引了大量顾客前来体验和消费。

当然，考虑到产品成本问题，在搞促销的同时，梦想队也进行了一些限制，对顾客实现阶梯式的优惠。比如前 100名到店购买的顾客所能享受的优惠力度是最大的，并且还能在购买商品的同时获赠丰富的礼品。101—200 名顾客所能享受的优惠和前 100 名客户一样，但没有附赠的礼品。201—400 名顾客所能享受的优惠又要更少一些……就这样逐级递减下去。

这样既能控制成本，又能提升顾客的购买欲，可谓是一举两得。所以在商战刚开始的时候，梦想队率先打开销路，遥遥领先了。

励志队所采用的销售策略和梦想队截然相反。励志队并不打算用促销或打折的方法去吸引客户，而是将更多的精力放在了品牌理念传播和现场销售场景搭建等方面，试图凸显产品的"高级感"，建立品牌意识。

从理论上来说，励志队的决策显然要比梦想队更合理，也更合乎商战规则。虽然在短期内，促销是推广产品、提升销售业绩最有效的手段，但这种手段并不适合作为企业长久发展的主要策略。企业想要长远发展，说到底，还得以品牌为核心。

但问题是，节目给两个队伍的比赛时间只有短短数小时而已，他们并不是在真实的环境中创业或经营，他们比拼的也并非是一家企业长远的未来。因此，梦想队毫无悬念地获得了胜利。

在现实的市场环境中，促销同样是快速获取客流的有效手段，在短期内，想要提升销售额，大概没有什么手段能比促销更有效了。但伴随着消费升级，最终真正能留住客户的，还是产品体验。过度的促销，实际上是一种对品牌的透支，对企业的未来发展没有任何好处。

同样的策略放在不同的环境之下，往往会带来截然不同的结果。在这个世界上，没有任何东西是一成不变的，如果我们不能根据情况的变化来调整我们的策略，那么想要取得成功将会变得极为艰难。

在当今社会，想要取得成功，仅仅有能力是不够的，还必须要学会审时度势。一个人的力量再怎么强大，都是有限的，不可能去扭转整个社会的进程。所以，想要成功，我们就要懂得"求变"，让自己的思维和观念与时俱进，顺应时势，才能抓住机会，乘势而起。就像著名企业家雷军说的："站在风口上，猪都能飞起来。"

上学时，段安是个典型的差生，每次考试，倒数十名之内必然能看到他的名字。后来，高考失利之后，段安家里就花钱把他送进了一所不知名的高校。

十年后，昔日的同窗组织了一场同学聚会，令人惊讶的是，当年的差生段安如今居然已经事业有成，是当地一家非常有名的新兴企业的老总，混得甚至比当初的一众学霸还要好得多。老同学们不免心生羡慕，一个个追问他的成功秘籍，恨不得能从中取到致富的"真经"。段安倒也不藏私，把自己的发迹过程和众人分享了一遍。

高考失利之后，段安被家里送进一所名不见经传的三本院校。那一时期正好赶上微博的兴起，原本一直在混日子的段安看准了互联网的发展趋势，便开始利用微博给自己圈了一票粉丝，不断地扩大自己在微博上的影响力。

后来，段安还真把自己经营成了小有名气的网络红人。之后，他开始和一些公司展开合作，帮助他们在网络上做产品营销和推广，渐渐在业内打出名气。再之后，随着微信的火热，段安又做起了公众号……

到大学毕业的时候，段安已经在网络上拥有了一众粉丝基础，并和诸多公司达成了稳定的合作，接下来的创业自然水到渠成。

段安之所以能获得成功，就是因为他懂得审时度势，从而抓住机会，借助社会发展的外力来成全自己。他或许没有其他同学那样丰富的学识，也没有傲人的学历背景，但他的思维是非常开放的，他乐于接受一切新事物，并能抓住机会，借助新事物的兴起之力来发展事业。

在这个社会，想要生存，就得"求变"。社会发展得如此迅速，如果我们还固执地抱持着旧观念、旧思想，不愿尝试新事物，那么很快就会被那些思维灵活的先行者狠狠地甩在身后，直至最终被社会所淘汰。

辑三　挣脱思维的束缚

——没有找到最优方法，是因为你的思维有堵墙

～～～～～～～～～～～～～～～～～～～～～～～～～～～～

惯性思维限制了我们思考问题的方向和范围，而我们的思考方式又影响了我们解决问题的具体行动。如果不能打破束缚我们思维的隐形框架，只知道走一条路，那么我们注定找不到想要的那个出口。

思维固化，是困住大脑的隐形牢笼

　　人的思维是非常容易形成定式的，当你接受并认可某个观念时，这个观念就会在你的思维之中生根发芽，让你在不知不觉中养成一种思维习惯。日后当你再触及相关的问题时，便会自然而然地根据这种思维习惯得出一个既定的结论。

　　思维定式往往容易演变成思想的屏障，将我们的想法禁锢在某个框架之中，从而限制我们的思考与行动。如果不能认识到这个问题，我们就很容易会在不知不觉中沦为"屏障"的奴隶，将大脑锁死在这样的"框架"之中。

　　一位企业家在演讲时和听众分享了一个他亲身经历过的

非常有趣的故事。

几年前，这位企业家打算扩大公司规模，便从国外引进了一条全新的自动包装生产线。倒霉的是，在全面投入使用后，他们才发现，这条生产线存在一些缺陷：偶尔会有一些包装盒里没有装入产品。这就使得产品装箱之后出现了一定概率的空箱现象，虽然这个概率并不大，但给商家和客户都带来了不小的麻烦和困扰。

出了问题怎么办？只能想法子解决了。于是，这位企业家在和生产线的设计方进行详细沟通后，在对方的推荐下，聘请了一位自动化专业的博士后来负责解决这个问题。这位博士后在企业家的支持下，很快就拉起了一个团队，经过长达数月的研究攻关之后，他们综合采用了机械、微电子、自动化、X射线探测等技术，花费两百余万，在原生产线上增设了一个探测空箱的生产环节。每当生产线上有没装入产品的空箱出现，两边的探测器就会发出警报，驱动机械臂将空箱搬走。虽然花费不菲，但好在总算把问题给解决了，企业家还是比较满意的。

后来，一次偶然的机会，这位企业家受邀到一位朋友的工厂进行参观。非常巧合的是，那位朋友的工厂也引进了和他厂里一模一样的包装生产线。企业家顿时想起了这条生产线所存在的缺陷，便询问朋友是如何解决这个问题的。

朋友想了想之后，随意地回答说："之前好像是有人跟我反映过这个问题，不过后来工人们自己想法子搞定了，我也没怎么管。"

听到朋友的话，企业家不可置信地瞪大了眼睛，工人们自己解决了？怎么解决的？他们总不可能拿得出两百万来改造生产线吧！

带着这样的疑问，企业家跟随朋友到了成品车间，眼前的一幕让他震惊不已：原来工人们在传送带旁放了一个巨大的风扇，让风扇对着传送带上经过的箱子猛吹。如果箱中没有放入产品，那么空箱子在经过这里时便会被强劲的风吹走……就这样，工人们用一台简单的风扇，轻松完成了对空箱的鉴别。

讲完这个故事，这位企业家自嘲地笑道："十几个人的项目团队，两百万的研究经费，最后却被一台电风扇轻松打败，这简直是我人生中最冤枉的一次投资！"

这笔投资真的冤枉吗？这个例子在人们的口口相传之下，已经有了广泛的传播度，但鲜少有人去认真思考这笔投资是否真的冤枉。用电风扇固然是个好办法，但可应用的范围实在是太小了。如果是大件物品，箱子很重，风扇根本吹不动呢？如果物品的重量较轻，那是不是还要寻找一款风力精度极高的风扇呢？否则不是把空盒子和装了产品的盒子一起吹走了？能解决问题一时，却不能解决问题一世，这样的解决方案只针对特定的商品。

这笔投资或许有点高昂，但如果运用得当，申请专利，将这款设备销售给风扇不能解决问题的厂商，相信两百万的经费一定能收得回来，也许还能有所盈余。乐于使用更少的资源去办成别人用更多资源才能办成的事情，这就是一种思维定式。

思维定式让我们只能看到眼前的事情，主观地认为多花了两百万一定就是亏的。最简单的解决方法未必是最好的解决方法，明明是同一个问题，稍微有些变化就要重新找方案，这样解决问题的方法还是少用为好。

我们在日常生活和工作中所学习到的知识和逐渐形成的

高效思考：
拥有快速解决问题的能力

经验与习惯，都可能在不知不觉中就成为一种思维定式，将我们的思想束缚在各种条条框框之中。如果不能摆脱这些"框架"，打破思维的固化，在面对问题时，我们就很难真正冷静、客观地进行分析与判断，扫除思维屏障所带来的局限与弊端。

古往今来，无数的事实已经证明，任何一项伟大的创造和天才的发现，都是从打破思想上的禁锢开始的。如果一个人不能摆脱定式思维的影响，那么无论这个人拥有多么渊博的学识和多么聪明的头脑，他所能取得的成就都是极其有限的。

某企业招聘业务经理，顺利进入到最终面试环节的应聘者有三人。面试官最后给他们出了这样一道考题：

一位商人在送货时，正好赶上下雨天，由于山路难行，他便从牲口棚牵了一头驴和一匹马来运送货物。一开始，货物都在驴身上。在路上，驴实在不堪重负，便请求马帮忙分担一些，但马拒绝了。不久，驴因体力不支，累死在路上。于是，商人便将所有的货物都转移到了马身上，这时马追悔莫及。

后来，马实在是吃不消了，便央求商人帮忙分担一些。商人拒绝了马的请求，并数落它说："当初你要肯帮驴分担一些，如今也不会这么累！"没多久，马也因不堪重负累死在了路上，没法子，这回商人就只能自己来运送货物了。

最后的问题是：商人应该如何安排，才能让牲口将货物顺利运送到目的地？

对于这个问题，前两位应聘者的回答都集中在如何让驴和马一起合作，以及怎样分配货物进行运送上。唯独第三位应聘者的答案与众不同。他说："既是下雨天，又是走山路，可见道路难行，无论是驴还是马其实都不合适。这种情况，最好选择能吃苦又力气大的骡子来运送货物。"

最终，第三位应聘者顺利入选，成为该企业新的业务经理。

很显然，前两位应聘者在回答这个问题之前，就已经默认了"只能选择驴和马"这个"规则"，然而，整个题目中并没有这样的要求或限制，只是他们早已固化的思维将他们的思想局限在了头脑中的"规则"里。而第三位应聘者则不同，他在思考问题时并不拘泥于原有的"模式"，而是能够灵活多变地从多种可能中找到"最优解"，所以最后他成功了。

高效思考：

拥有快速解决问题的能力

在遇到问题时，要懂得开发和运用自己的创意，敢于对一切事情进行改良与创新。生活中，许多问题的答案都不仅仅只有一个，只要敢于去想，突破思维障碍，我们就一定能走出一条全新的路，将人生境界提升到新的高度。

有时，常识会让我们走进误区

　　人的思维在很大程度上受限于现有的知识和见识，比如在点评某件事的时候，人们往往会以自己的认知为标准去判断或解释。而在遇到需要解决的问题时，人们往往也会下意识地按照自己的"常识"做出反应。

　　所谓"常识"，指的就是人们在长久的经验中总结出来的，一些普遍被认可的知识。在日常生活中，常识能够帮助我们认知某些事物，并迅速对某些情况做出反应。但常识并不等于真理，它只是一种被大多数人接受并认可的、普遍存在的东西，过分笃信常识，有时反而会禁锢我们的思维，让我们走进误区。

高效思考：
拥有快速解决问题的能力

一位魔术大师在街头表演时，和观众们玩了一个小游戏。他在街头放置了一扇门，门上锁了六把锁，并承诺，能在不破坏门的情况下，把这扇门打开的人，将会获赠一份珍贵的礼物。

许多人都兴致勃勃地参与了这个游戏，其中包括几个特别精通开锁的锁匠。但令人意外的是，即便有人顺利将这六把锁都打开了，这扇门却仍旧无法打开。人们以为，魔术大师一定在门的某个地方藏了一把锁，而这个游戏的最终目的，就是要找出这把隐藏锁。可令人失望的是，无论他们再怎么努力，都始终找不到这把隐形的"锁"。人们开始怀疑，这道门其实根本就打不开，甚至有人跳出来，指责魔术大师是个"骗子"。

对于众人的怀疑和指责，魔术大师并不在意，他慢悠悠地走到了门边上，在周围人的注视之下，伸出手轻轻一推，门便开了。直到这时，人们才发现，原来这扇门根本就没有锁，只不过真正开门的地方，并非是在装有门把手和上了六把锁的那一边。也就是说，想要打开这扇门，根本没必要去管那六把锁，也根本不存在任何隐形的"锁"，只需要换个位置，轻轻一推就可以了。魔术大师所设置的"锁"，从来就不在门上，而是存在于每个人的心中。

门把手的作用，是让人们在开门、关门的时候更方便，因此在现实生活中，门把手自然要安装在打开门的那一边，这是每个人都知道的生活常识；而锁的作用自然是为了将门锁住，不让他人轻易闯入，因此，锁当然也应该安装在开门的方向，否则就不能发挥它的作用了，这同样是在生活中人尽皆知的常识。而魔术大师正是利用人们的常识，设置了这道"无法打开"的门。

不论是门把手，还是锁，都成为迷惑人们的"烟幕弹"。而那把众人遍寻不到的隐形的"锁"，实际上正是人们对常识的笃信。因为基于常识，所以人们将思维禁锢在了一个错误的框架之中，甚至没有去思索或尝试任何其他的可能性，下意识地落入了魔术大师的陷阱。却不知道，"通关"的方法其实简单得不可思议。

那么，如何才能打破常识对思维的禁锢呢？我们可以从以下几个方面入手。

第一，打破知识定式。

高效思考：
拥有快速解决问题的能力

有这样一个笑话，说有个拳师，拳术一招一式学得特别好，每每和别人谈论起来，总是滔滔不绝、引经据典。可每次和老婆发生争执，他都会被揍得抱头鼠窜。有人对此很好奇，就问拳师："莫非令夫人是位厉害的武林高手？"结果，拳师却恨恨地说道："什么武林高手！她根本就不会武功！但这个死婆娘，每次打架都不按套路出招，害得我都不知道要怎么应付她！"

知识是我们建立常识的重要渠道之一，但学习知识不能脱离实际，盲目地去死记硬背，否则这种由知识积累而形成的思维定式会禁锢我们的思维，从而让我们遭受失败。就像故事中的拳师，看似精通拳术，把一切理论都记得滚瓜烂熟，可一旦脱离了理论的框架和套路，就不知道该怎样出拳了。

在学习知识的时候，我们应该去理解，进而将其融会贯通，而不仅仅只是死记硬背一些规则和理论。

第二，打破经验定式。

经验同样是我们建立常识的重要依据之一。无论是在生活中还是在工作上，经验都是非常宝贵的资源。但我们也应该明白，在做事情时，我们可以参考经验，却不能完全依赖经验。世界上一切的事物都是在不断发展和变化的，昨天的成功经验，放到今天未必还能再"复制"一次成功。

无论做任何事情，一定要懂得打破经验定式。我们可以通过参考过往的经验来规避一些风险和陷阱，但与此同时，我们也需要打破经验，敢于尝试和创新。要记住，只有不拘泥于过去的人，才能创造未来。

第三，打破方向定式。

在常识的影响下，人们对某些问题往往会产生下意识的反应。比如天冷了，那就应该多穿衣服；肚子饿了，那就应该去吃东西；有人掉到水里，救他的方式就应该是把他从水里拉出来。

但在某些比较特殊的情况下，常规的方式是无法帮助我们解决问题的，只有打破常规，才能找到出路。比如"司马光砸缸"的故事就说明了这一点。小伙伴掉入水缸，常规的救人方式就是把他从水里拉出来。但在场的都是小孩子，没有人可以做到这一点，怎么办呢？这种时候，就得打破常规的思考方式才能解决问题。而司马光就做得很好，他用石头砸坏水缸，让水流出，人自然就得救了。既然无法让人离开水而获救，那么就转变一下思维的方向，让水离开人——这就是逆向思维。

用那些常规方法，并不一定就稳了

　　了解星座的人都知道，关于星座的种种含义与解析，实际上是在统计学的基础上归纳总结出来的。它符合对"大多数人"的描述，所以很多人在初次读到与自己相关的星座分析时，往往会惊叹："好准！这说的就是我！"

　　但即便如此，星座的描述也不可能适用于每一个人。毕竟"普遍"并不等于"所有"，"绝大多数"也并不意味着"全部"。

　　做事情也是如此。在现实生活中，人们通常会根据长久以来的生活经验总结出一些解决特定问题的"常规方法"，这些方法普遍适用于大多数情况，也可以帮助人们应付大多数问题。但哪怕是"常规"，也不意味着就一定是"正确"或者"合适"的。毕竟在这个世界上，没有任何人或任何东西可以一成不变，如果过分依赖"常规"，将思维固定在某一种特定的模式上，那么必然会成为思维习惯的牺牲品。

世界上最难预测的是人心，而爱情则是最好体现人心易变的情感。每个人都在追逐爱情，但如果在追逐爱情的过程中只按照所谓的常规按部就班，那是不可能获得成功的。谁说追女孩就一定要送鲜花、看电影？谁说女追男就一定是隔层纱，简简单单就能成功？如果只想着按照常规，那就必须要保证其他的一切都要按照这个常规来才可以。

如果说恋爱要面对的是人心易变，那么竞争就是对手故意求变了。如果你只会按部就班式的常规操作，竞争对手不配合怎么办？你难道要去质问竞争对手，为什么没有按照常规做决定？为什么没有配合你的常规策略？这样的常规知识只能作为参考，并不能当作指导人生的依据。一味地相信常规，那与纸上谈兵的赵括有什么区别呢？这也是许多公司在招聘时要求有工作经验的原因，人们在学校当中学到的东西是常规的，但是面对各种突发状况，如何根据具体的情况具体地解决问题，这些都是非常规的，都是要在不断地思考，不断地积累经验之后才能拥有的能力。

人生中总是会遇到各种各样的意外与惊喜，甚至是惊吓，哪怕计划得再周详，也未必就能保证事情会按照我们的意愿去发展。而所谓"常规"，不过是过往经验中大概率事件的总结罢了，又怎么可能确保一定就稳了呢？

然而，从小到大，从青涩到成熟，我们一路走来，总是会在不知不觉中就潜移默化地形成一些惯性的思维模式，以为事情"本就应该"是如此的。但事实上，哪里会有什么事"本就应该"如此呢？也许大多数女孩子都喜欢鲜花，但万一你遇上的就是个被花粉过敏症困扰的女孩呢？也许大多数男孩子都喜欢变形金刚，但万一你面前的这个偏偏钟爱芭比娃娃呢？也许大多数人都能靠读书考大学来改变命运，但万一你认识的这个人偏偏成绩不佳却擅长绘画或唱歌呢？

事实上，"常规"并不等于真理，它或许适用于大多数人，但也仅仅只是"大多数"罢了。而这个世界上，除了"大多数"之外，还有很多的"小部分"或"极少数"。循规蹈矩，按照"常规"去做事、去成长，确实能在一定程度上帮助我们规避犯错，但这并不意味着只要循规蹈矩，我们就一定不会犯错误。相反，若是过分依赖"常规"，我们可能会被思维的惯性所桎梏，将自己圈在狭小的天地里。

当然，想要打破固有的思维模式并不是件容易的事。所谓"习惯成自然"，很多时候，可能我们自己还尚未意识到，思维就已经再次循着旧路走下去了。所以，要想打破"常规"，解放被桎梏的思维，也是需要掌握一定方法的。

第一，勇于质疑。

想要打破"常规"，就要从质疑开始。人们之所以会形成惯性思维，是因为认可了某种逻辑，认为这种思维方式是正确的。所以，要想突破惯性思维的桎梏，就必须要勇于质疑，只有先从潜意识中抹去对这种思维方式的"迷信"，才能看到更多的可能性。

第二，学会转换思路，发散思维。

在日常工作和生活中，无论遇到什么问题，都要多思多想。为了训练思维的发散性，我们可以先从建立假设开始，思考"假如……"会怎么样，"假设……"又会怎么样。尝试从不同角度进行多向思考，这往往可能为我们带来意想不到的惊喜与灵感。

第三，逆向思维，见人所未见。

很多时候，成功与机遇都隐藏在人们最容易忽略的地方。所以，在遇到难题时，不妨试试逆向思维，见别人所未见，想别人所未想，或许就能收获意想不到的惊喜。比如，众所周知，手表的作用就是用来显示时间，所以大多数手表制造商都喜欢宣传自己生产的手表有多准。但有一家表厂却反其道而行之，直接在宣传中称自家的手表"每天都存在 1 秒的误差"。结果，这样的宣传不仅没让他们失去客户，反而因为"诚信的表现"而获得了更多客户的认可。

第四，敢于想象。

思维的灵活性需要借助丰富的想象来启发。在现实生活中，很多人在遇到问题时，总会习惯去寻求"唯一的正确答案"，这实际上就是想象力匮乏的一种体现。而这种思维习惯，久而久之将会使得我们的思维变得单一而固执。所以，我们一定要鼓励自己有意识地去想象，从而提升思维的灵活性。

总而言之，我们在面对问题时，要学会多思多想，不要总在一个层次上做固定思考。现实生活中我们所遇到的问题，

高效思考：
拥有快速解决问题的能力

从来都不会只有一个"正确答案"，我们的人生也从来都不是只有一种成功模式。所以，遇到问题时，不要忙着下定论，也不要迷信于所谓的"常规"和经验，只有学会客观、冷静地去分析，多角度地进行思考，我们才能真正找到生活中的"最优解"。

思路跟着经验走，也会掉进沟里头

许多长者常常喜欢说这样一句话："我吃的盐比你吃的饭还要多……"

人就是如此，越是年长，越是经历得多的人，就越是习惯于用已知的经验去判断未知的事物。当然，不可否认，经验是人生的宝贵财富，许多宝贵的经验确实能帮助我们规避很多陷阱，解决很多麻烦。但经验并不是真理，过分依赖经验，也可能会掉进沟里头。

美国思想家爱默生曾经说过："人身上所蕴藏的力量是无穷的，没有任何人知晓，一个人究竟能胜任多少事。如果你不动手去尝试，那么你就永远不会明白自己的能力究竟有多强大。"而过分依赖经验，往往会让我们在潜意识中给自己设置一个经验之内的"能力上限"，从而限制我们的潜力。这是件非常危险的事情，就好像给自己上了一道无形的枷锁，阻碍自己的前行。

有这样一部纪录片，主角是马戏团里一头多才多艺的大象。这头大象非常聪明，是马戏团中的明星，它最拿手的把戏就是站在一根小小的木桩上吹口琴。

众所周知，大象的力气是非常大的。但令人奇怪的是，每次表演的时候，拴着大象的只有一条细细的铁链，而大象似乎也从来没有试图要挣脱铁链逃跑。对此，有一名记者感到非常奇怪，便采访了负责训练大象的驯兽师。

驯兽师告诉这名记者，在这头大象很小的时候，曾无数次试图挣脱铁链离开，但那时候，它实在太小了，根本无法挣脱铁链。就这样，在一次次的失败中，它接受了自己的命运，彻底放弃了反抗。如今，虽然它已经长大了，可以轻易挣脱铁链的束缚，但它的潜意识里以为自己还是那头无法战胜铁链的小象，就连尝试一下的欲望都生不出来了。

禁锢大象的，从来不是铁链，而是它头脑中的"经验"。

那些曾经一次次失败的经验，在天长日久中，已经成为大象潜意识中认可的"规则"与"事实"。正是因为笃信自己的经验，所以成年大象从来都不知道，自由距离它只有咫尺之遥。

在生活和职场中，也存在着许许多多的"大象"。他们不懂得去找出事物变化的规律，每当遇到问题时，便拘泥于以往的经验，或前辈口口相传的"常规"，以固定而老套的视角去看待问题。然而，世界总是在不断进步的，老思想和老方法终究会成为社会进步的淘汰品。不懂得与时俱进地创新，便只能抱着低效的老方法，在忙忙碌碌中一事无成。

任何人都难免会犯过于相信经验的错误，苹果公司前CEO史蒂夫·乔布斯也曾因为经验栽过跟头。

苹果公司的产品一直给人一种精致、美丽的感觉，这就是乔布斯一直坚持的设计理念。Mac是苹果公司的经典系列，但在Mac刚刚面世的时候，也曾因为乔布斯的判断失误而差评不断。

根据乔布斯的理念，第一代Mac外观华丽，做工精湛，操作便利，概念新颖。人们诟病的只有一个问题，那就是不好用。因为乔布斯根据自己过去成功的经验，要求Mac不管

高效思考：
拥有快速解决问题的能力

是界面还是字体，都必须美观华丽。当时家用电脑的内存普遍偏小，乔布斯的决定导致字体、界面占用了大量内存，导致运行起来非常缓慢。

乔布斯并不觉得自己的选择有问题，他过去就是凭此获得成功的。于是，他听不进任何人的意见，不看任何数据，也拒绝做市场调查。仅仅凭着自己对产品的信任，就断言 Mac 的销量一定会惊人的。当时苹果公司的市场部主管麦克·默里甚至说："乔布斯做的市场调查，就是每天早上起床的时候看看镜子里的自己。"

仅仅凭着经验自然是不可能成功的，Mac 遭遇了滑铁卢，苹果公司上下一致反对乔布斯的做法，优秀的工程师不断出走，甚至包括 Mac 技术方面的负责人。苹果公司的另一位创始人沃兹也无法忍受乔布斯的做法，干脆自立门户，这一年苹果公司出走的高级人才多达几十位，就连乔布斯本人也被迫离职。

经验就如同一把双刃剑，既能成为我们的助力，帮助我们在前行的道路上披荆斩棘，也能成为伤己的利器，一不留神就让我们一败涂地。只有时刻保持清醒的头脑，在汲取经验的基础上保持睿智的思考和辩证的态度，才能走出属于自己的成功之路。

　　成功与失败都是人生的插曲，一次的成功并不等于永远的成功，同理，一次的失败也并不意味着永久的失败。所以，无论你的过去拥有多少成功或失败的经验，都不应当以此来给现在的你设限。人总是在成长和变化的，就像马戏团里的大象，幼小时无法挣脱的铁链，并不意味着成年之后也依然无法挣脱。重要的是，你是否能够打破经验的桎梏，敢于去挑战和尝试。

想象力是灵魂的工厂

拿破仑·希尔说："想象力是灵魂的工厂，人类所有的成就都是在这里铸造的。"这句话确实所言非虚。人类文明的发展是一个从无到有的过程，而人类文明之所以能够"无中生有"，就是因为人类具有无与伦比的想象力。

思维的僵化往往就是因为缺乏想象力而导致的。当我们开始摒弃天马行空的想象力，变得越来越"现实"的时候，无异于将思维限制在了某个框架之内。这就导致我们在遇到问题的时候，往往只能遵循固有的"套路"去思考，一旦碰壁，便会陷入困局，找不到出路。很多人之所以会在成长过程中慢慢丢失想象力，是因为他们以为那些天马行空的想象在现实面前是毫无意义的，既然如此，又何必再浪费时间去异想天开呢？倒不如踏踏实实地把事情做完，把日子过好。但事实真的如此吗？在回答这个问题之前，不妨一起来看几个小故事。

1946年，一对父子来到美国休斯敦做铜器生意。20年后，父亲死了，儿子独自经营着铜器店。他的铜器店尝试过很多方向，做过铜鼓，也做过瑞士钟表上的簧片，还做过奥运会的奖牌，小小的铜器店也有了质的飞越，而他也已经是麦考尔公司的董事长。然而，真正令他声名显赫的却是纽约州的一堆垃圾。

1974年，美国政府需要清理给自由女神像翻新时废弃的废料，为此向社会招标清理方案。但几个月过去了，都无人应标。正在法国旅行的麦考尔公司董事长听说后，立即启程去纽约竞标，他看到自由女神像下那些堆积如山的铜块等废弃垃圾，没提任何条件就签了清理合同。

当时很多人不解，甚至嘲笑他，认为他愚不可及，甚至垃圾清理不好还会受到纽约环保组织的起诉。

但他义无反顾，并开始安排工人对废弃垃圾进行分类：

高效思考：

拥有快速解决问题的能力

将废铜熔化，并铸成迷你自由女神像；将废弃的木头加工成木质底座；将废铅、废铝加工为纽约广场的钥匙；甚至将从自由女神像身上扫下的灰尘都集中清理并出售给花店。

这真是化弊端为有利，化腐朽为神奇的商业奇迹。这大概是很多人连想都不敢想的，但偏偏就有人做到了，并且还获得了成功。那么，如果是卖月亮呢？

丹尼斯·霍普曾经是美国的一名汽车商。有一天晚上，因为生意不景气，霍普非常烦恼，对着月亮长吁短叹。突然，一个十分"异想天开"的主意出现在了他的脑海中："既然汽车不好卖，那么，要不改卖月亮吧！"

这个想法实在是太莫名其妙了，但霍普却做得非常认真，他查阅了所有与太空相关的法律条文，并对美国的法律做了细致的研究，最后抓住法律条文中的漏洞，聘请律师为他起草了关于占有月亮以及其他八个星球的文件，还注册了一个名为"月球大使馆"的商标，开始对外明码标价地出售月球上的土地。

令人惊讶的是，这一天马行空的操作居然让霍普赚了上千万美元。从他手中购买月球地产的，甚至不乏许多名人、政要。比如美国的三位前总统里根、卡特和小布什，还有好莱坞著名影星汤姆·克鲁斯、克林特·伊斯特伍德等，都曾向他购买过月球上的地产。

"卖月亮"——这确实是个匪夷所思的主意。在现实生活中，如果真的有人开口这么说，恐怕只会引来人们的嘲笑。毕竟从现实的角度出发，这根本就是一件异想天开的事情，谁能把月亮卖了呢？谁又有资格去卖月亮呢？但事实却已经证明，这个令人匪夷所思的主意居然还真的成了一门"生意"，并且让提出这个主意的家伙大赚了一笔。

看，天马行空的想象力即使在现实面前，也并非是完全没有意义和价值的。一切人类文明都是从想象开始的：人们想象，黑夜会如白昼一般明亮，于是电灯被发明出来了；人们想象，人类可以像游鱼一般横渡江河，于是船被造出来了；人们想象，终有一天人能像鸟一样在天空翱翔，于是飞机诞生了……

爱因斯坦曾在《论科学》一文中这样说道："想象力比知识更加重要，因为知识是有限的，而想象力却概括了世上的一切，推动着人类的进步，同时也是知识进化的源泉。"

高效思考：
拥有快速解决问题的能力

　　无论何时，都不要禁锢你的想象力，这是你大脑最宝贵的资产之一。也不要忙着否定你脑海中那些天马行空的想法，或许某一天，它们都会成为现实，且为你带来别样的惊喜呢？

　　需要注意的是，虽然想象的世界可以天马行空，但也应当具有一定的逻辑性和约束性，这样才能让想象变得有价值，而不仅仅只是毫无意义的瞎想。

　　电影《阿凡达》，很多人都看过。在拍摄这部电影之前，导演卡梅隆为构建出一个即便是完全出于想象也能够完全自洽的世界，付出了诸多努力。他甚至自己编写了一本《潘多拉星球百科全书》，详细介绍了潘多拉星球上各种神奇现象的形成原因：山体可以悬浮是因为其中的矿石含有常温超导物质；星球上磁场紊乱，是因为受到附近其他行星的影响；上面生长的动植物，从特性到形状，也都符合星球的生态环境。此外，卡梅隆甚至还专门邀请语言学家，为潘多拉星球上的原住民发明了一种独属于他们的语言。

　　人们在看《阿凡达》的时候，都为卡梅隆的想象力惊叹不已，但事实上，真正铸就经典的，却不仅仅只是想象力，还有环环相扣的逻辑性和严密性。

人的想象力是自由而散漫的，同时也是富有价值的。无论何时，都不要禁锢你的想象力，但同时也要学会约束它和控制它。如果能让想象力在自由翱翔的同时，也构建起严密的逻辑性，那么，距离将天马行空的想象变为现实，并在现实中创造价值也就不远了。

辑四　开拓创造性思路

——有所怀疑才能发现深度命题

~~~~~~

　　这个世界上有绝对的真理吗？可能有，也可能没有。但在人类已知的范围内，只有无限趋近于真理的存在，并没有绝对的真理。既然这个世界上没有绝对的真理，那我们就有大量可供怀疑、可供猜测的空间了。只要有所怀疑，就去看看，就去试试，就去亲身体验一下。或许，你能够从中发现自己独特的思路。

怀疑要有根据，思考才能立足

虽然我们一直强调，人应该有怀疑精神，敢于提出质疑，才能不断修正错误，实现人生的超越。但这里所说的怀疑，指的是有根据、有逻辑的怀疑，是建立在证据之上的理智怀疑，而不是成天毫无证据就疑神疑鬼。

在日常生活中，很多人大概都曾遇到过这样的事情：当你对某件事提出一些看法或建议时，总会有对此一知半解的人在一旁肆意点评，提出各种各样的质疑。

当然，你能提出意见，别人自然也可以，你发表了看法，别人自然可以提出质疑。但问题是，很多时候，对方的质疑根本站不住脚，他们的意见也完全言之无物。他们对你的质疑或许仅仅只是一句"我认为这样不对"，或者"我感觉这样操作好像和其他人不一样"。

没有切实根据的怀疑并不是我们所提倡的质疑思维。如果你的怀疑连根据都没有，那么思考又何从立足呢？而没有立足点的思考根本就不能叫思考，顶多只是一种假想或胡思乱想。这样的怀疑不仅不能帮助我们发现问题、解决问题，反而可能促使我们停滞不前。

欧洲某个偏远的小镇上住着一对贫穷的老夫妻，生活的艰苦让他们饱经风霜。眼看又一个寒冬即将来临，一贫如洗的家中却连件像样的棉袄都翻不出来。

有一天清晨，老头子刚醒过来，就看到老婆子趴在摇摇晃晃的桌上，正用一支炭笔在发黄的纸上写着什么。老头子便问道："你在做什么？"

老婆子回答说："我正给上帝写信呢，希望他能帮助我们度过艰难的寒冬。"

过了一会儿，老婆子把信写完了，老头子又问道："我们如何将信交给上帝呢？我们并不知道他的地址啊！"

老婆子回答说："上帝无处不在，我们只需要将信拿出去，它自然会到上帝的手上。"

于是，老婆子打开门，将信轻轻放在门口，一阵风吹来，便将薄薄的信带走了。

信随着风起起落落地飘了两条街，最后落在了一个富人的脚下。富人刚从豪华的饭店中走出来，一眼就看到了这封写着"上帝亲启"的信件。富人很好奇，便捡起信阅读起来。信中详细描述了贫穷老夫妻的艰辛生活，语句中充满了对上帝的祈求。

富人非常同情这对可怜的老夫妻，决定给他们一些帮助。他循着信中的地址，找到了这对老夫妻的家，并告诉他们，自己是上帝在这个地区的"使者"，上帝已经收到了他们的来信，所以派遣他过来，带给他们一百块钱，以帮助他们度过艰难的严冬。

听了富人的话，老夫妻十分开心，眼含热泪地赞颂着上帝的仁慈与英明，并对富人表达了热忱的感谢。

富人离开后，老头子看着手中的钱，脸上一副若有所思的样子。老婆子见老头子神情不对，便询问道："怎么了？有什么不对？"

老头子压低声音对老婆子说道："刚才那位上帝的'使者'，看上去一副狡猾的样子，可不像什么好人啊！你说，他会不会偷偷把上帝带给我们的钱给扣下了一部分？你瞧瞧他身上穿的衣裳，瞧着可值不少钱呢！"

听了这话，老婆子惊讶地说道："难道原本上帝给我们的应该是两百元，结果却被这个狡猾的家伙扣下了一百元？！"

想到这里，这对老夫妻顿时愤怒了起来，义愤填膺地咒骂着这个狡猾又贪婪的"上帝使者"。

而就在此时，富人带着两件厚实的棉袄和一些食物返回了这里，本想把这些东西一并送给贫穷的老夫妻。却在门口听到了他们对自己恶毒的怀疑与咒骂。富人非常生气，便带着东西转身离开了。

老夫妻对富人的怀疑是毫无根据的，甚至可以说是一种恶毒的臆测。可怕的是，在毫无根据的情况下，他们竟对这种臆测深信不疑，甚至由此产生了不满和怨怼。而他们或许永远也不会知道，因为这份毫无根据的怀疑，他们错失了什么。

对于这个世界，我们确实应该保持警惕，但与此同时，我们也要懂得理性地去分析和鉴别。我们可以对一切事物提出质疑，但任何一点质疑，都应该是有根据、有证据的，而不是凭借主观的臆测就成天疑神疑鬼。

　　质疑思维并不是为了否定而存在的。我们质疑一件事情，最终的目的是找到真相，还原真实。但很多人却搞错了"质疑思维"的用途，总是在毫无根据的情况下，以怀疑的态度去看待一切。殊不知，这种毫无根据的怀疑，不仅对我们不会有任何帮助，反而可能成为成功路上的巨大阻碍。

　　事实上，正确的"质疑"应是在抓住切实疑点的基础上产生的。换言之，我们应该是先察觉到某件事上存在的疑点和违和之处，然后再对此生出怀疑。在这种情况下产生的质疑就是"有根据的怀疑"，而这些"根据"或"证据"，就是我们进行思考的"立足点"。

　　我们要敢于怀疑，更要善于怀疑。只有敢于怀疑，才能打破常规，解开思维的禁锢，从而开发更具深度的人生命题；而只有善于怀疑，我们的怀疑才会成为有意义、有价值的思维，而不是盲目的指责和毫无根据的胡搅蛮缠。请记住，怀疑要有根据，思考才能立足。

跟随别人的思路，找不到你的出路

几乎每年我们都能在媒体上看到类似这样的新闻报道：某地西瓜价格大涨，种植西瓜的瓜农都赚了很大一笔钱。于是，次年，该地许多农民都纷纷跟风，开始种植西瓜。结果导致市场上西瓜供过于求，价格大跌，西瓜滞销，种植西瓜的瓜农损失惨重。

在生活中，类似这样的事情不胜枚举。看到一个人做什么赚到了钱或取得了成功，便有无数人开始效仿，试图复制这条成功之路、致富之法。然而，无论任何事情，市场的份额和资源都是有限的，做的人越多，利益分配下去，每个人得到的就越少，有的甚至可能一无所获、血本无归。就像那些跟风种植农作物的农民一样，他们只看到了别人的成功，却并不明白，别人为什么会取得成功，于是便一味地跟风、模仿，殊不知，总是跟随别人的出路，是永远都找不到属于自己的出路的。

　　众所周知，陶朱公是春秋年间的四大富豪之首，他有一套十分独特的经商理念，那就是常常从与大多数人相反的方向去思考问题。比如天气晴朗时，大多数人都会考虑造车去卖，因为在晴天，人们对车的需求更大。可陶朱公却不同，他偏偏要选择造船，卖不出去便堆积在仓库里。

　　很多人都笑话陶朱公，觉得他完全是在浪费时间、浪费钱财，陶朱公却一点儿也不着急，任凭别人指指点点。后来，洪涝季到了，市场上开始大量需求船只。当其他商家开始动手造船的时候，陶朱公已经把仓库里积压的船只放到市场上开始销售了，并迅速抢占了市场。

　　等其他商家造好船上市之后，陶朱公便又开始改造车。于是，洪涝季节一过，陶朱公又在所有人之前抢先一步将车投入市场，大赚了一笔。

　　人们总是习惯于沿着事物发展的正方向去思考问题，并顺应事情的发展去解决问题。这种常规的思维方式并没有什么问题，但在某些比较特殊的时候，逆向思考往往更能带给我们惊喜。

就以商业方面的决策为例。商家为了赚钱，在决定售卖某种商品之前，通常都会进行市场调查，然后根据市场的需求来售卖商品。因为商品只有卖出去，才能实现它的价值，商家也才能获利，所以，晴天卖车，雨天售船，这都是非常正常的思维。

但我们之前也说过，市场的资源和份额都是有限的，争抢的人越多，个人所能获得的利益就越少。想要瓜分更多的利益，要么你能出奇制胜，抢占别人未曾发现的空白市场；要么你得走在所有人前头，率先进入市场，抢占最大的一块"蛋糕"。而陶朱公的经商策略很显然就秉承了后者，当其他人忙着争抢眼前的利益时，他的目标却是下一季的利益。因此，他总是能比别人更早计划、更早起步，从而在他人之前率先抢占市场，拿下最大的一块"蛋糕"。

追求财富与成功的路有千万条，又何必非要跟在别人的后头，去争抢那些已经被人挑剩下的东西呢？当然，或许有

高效思考:
　　拥有快速解决问题的能力

人会说，自己天生就没有聪明的头脑，想不出绝妙的主意，除了追随那些获得成功的人，参考并复制他们的成功经验之外，还能怎么办呢？可无数的事实早已经向我们证明，追随别人的脚步，是永远都无法获得巨大成功的，更重要的是，很多时候，这种做法往往会适得其反，甚至给我们造成巨大的损失。你要知道，任何一个财富机遇，当它被所有人都看到的时候，它也就失去其价值了。

　　我们要学会独立思考，学会用自己的思维去考虑问题，而不是一味地盲从别人的意见，或听信权威的调遣。只有摆脱盲从，走出真正属于自己的道路，我们的人生才可能收获成功，缔造辉煌。

　　一个人要想成功，就得学会独立思考，走出独属于自己的道路。别人的成功是无法复制的，人与人本就存在诸多不同，又怎么可能走出完全一样的人生路呢？总是跟随别人的思路，永远也走不出自己的路。所以，从现在开始，学会建立自己的思维体系，并养成独立思考的好习惯吧。无论何时，无论遭遇什么样的问题，请相信，唯有头脑与智慧能为你"杀"出一条血路。

主流与权威，不一定都对

通常来说，在街上看到两家类似的店，一家门可罗雀，一家大排长龙，在不赶时间的情况下，人们往往会选择大排长龙的那一家店。因为很多人都有这样的认知：大排长龙，说明这家店的东西好，因为东西好，大家才会去争相购买。所以，既然不赶时间，那么自然要选择更好的了。

但这样的判断方式真的万无一失吗？恐怕未必。

某地新开了一家网红小吃店，每天都有不少人大排长龙地等候用餐，引得路过的人纷纷驻足，甚至有不少人也在好奇心的驱使下加入了等候的队伍。但令人意外的是，很多人在千辛万苦排队买到食物后，却发现味道实在一般，完全不明白它的魅力到底在何处，为什么每天都能吸引这么多的顾客。结果，还不到一个月，这家网红小吃店被人曝出消息，说原来那些每天大排长龙的"顾客"，多是老板雇佣来"充门面"的……

顾客有挑选的"政策"，商家便有相应的"对策"，到最后，真相揭露出来，只让人感到啼笑皆非。

其实，在市场中，类似这样的营销操作并不鲜见。很多时候，人的大脑其实是存在一些本能反应的，比如看到大多数人都在购买某件东西，便会下意识地觉得，这件东西必然是好的；看到某件商品销售火爆，甚至一物难求，就下意识地觉得这件商品一定性价比爆棚，买不到就亏大了。

大脑之所以会产生这种下意识的反应，是因为每个人或多或少都存在从众心理，觉得只要是主流的、大多数人选择的东西，就必然是"好"的、"正确"的、"靠谱"的。但事实上，这种大脑下意识的反应与"正确"二字毫不沾边。很多东西，选择的人多不意味着就一定好，就一定适合你，就像很多事情，做的人多，也并不意味着就一定是好事。

说到底，要想做出正确的选择，或是对某件事做出中肯的评价，我们就要想办法克服大脑的这种"本能反应"，用清晰的逻辑和理智去进行分析选择，而不是依靠所谓的"下意识"。

任何主流的东西必然都存在一定的优势，所以才会被大多数人所接受，这一点毋庸置疑。但这并不意味着，只要是主流的，便都是正确的。就像每年都会有不同的流行风尚，但并不是每一种流行的元素都适合所有人一样。

如果说人们总会"下意识"地靠近"主流"，那么面对"权威"，人们恐怕就更难生出反抗和质疑的心思了。但事实上，权威与主流一样，虽然是属于大多数人都认可的东西，但并不意味着它们就一定正确。

不可否认，在各行各业中，权威都曾起到过重大的作用。也正因为如此，人们往往对权威怀有一种崇敬之情。但如果这种崇敬超过一定限度，甚至成为盲目的迷信，那么必然会带来严重的危害。人们会因此而放弃思考，放弃质疑，不假思索地接受权威的一切，轻而易举地否定所有不被权威认可的东西。这样一来，又怎么可能获得进步与发展呢？我们尊重权威，但绝对不能迷信权威，否则，我们终将失去追寻真理的资格。

　　小泽征尔是世界著名的音乐指挥家，在他还很年轻的时候，曾参加过一场在欧洲举办的指挥大赛，并一路过关斩将，顺利杀入决赛。

　　在决赛中，小泽征尔被安排最后一个上台表演。拿到决赛指定的乐谱之后，小泽征尔就立刻全神贯注地配合乐队开始练习起来。但很快他就发现，这首乐曲的某个部分似乎有些不太和谐。一开始，小泽征尔以为是乐队演奏的错误，于是立即让乐队停下重奏。但反复几次之后，他发现，问题似乎不在乐队，应该是乐谱出了问题。

　　找到问题所在之后，小泽征尔立即联系了主办方和评委组，提出了自己的怀疑。但令人意外的是，不仅主办方声称曲谱肯定不会出错，就连评委组的几位音乐大咖也都纷纷表示，曲谱绝对不存在问题，一切都是小泽征尔的错觉。

　　那时候，小泽征尔还只是个名不见经传的小指挥，而评委组的每一位评委，都是国际音乐界的权威人士。在这样的情况之下，小泽征尔的心中不免动摇起来，他不断地询问自己：我的判断真的正确吗？这真的不是我的错觉吗？我可以相信自己吗？

最终，在考虑再三之后，小泽征尔渐渐坚定起来，他相信，自己的判断绝对没有出错。于是，他斩钉截铁地对众人说道："不，曲谱一定错了！我很肯定，这不是我的错觉！"

小泽征尔话音刚落，评委们便站立起来，向他报以热烈的掌声，恭喜他赢得最终的决赛。直到此刻，小泽征尔才明白，原来这是总决赛里一个精心设计好的圈套。

主办方解释道："我们想要看一看，当指挥家们发现错误，而其他权威人士却不肯承认的时候，指挥家们会做出怎样的选择。如果一个指挥家，没有捍卫真理、质疑权威的勇气和素质，那么是绝对无法成为世界一流的音乐指挥家的。而这一次，在进入总决赛的三位选手中，只有小泽征尔先生一直坚信自己的判断，并且敢于质疑权威。所以，他获得了这次世界音乐指挥大赛的冠军！"

权威并不意味着真理。在每个时代，每一个领域都会存在一些权威人士和权威思想，他们的存在对整个领域来说，确实存在积极的作用。但随着时代的进步与发展，他们也可能转变成为人类文明发展和前进的阻碍，这个时候，只有打破权威，才能继续前行。而打破权威的人或思想、学说，又终将会成为新的权威。人类文明的发展就是在这样不断质疑、不断超越的过程中前进的。

　　如果一个人拥有质疑思维，那么他就不会盲目地迷信一些权威观点，而是会懂得独立思考，客观地看待一切问题，从而形成自己独有的思维方式。在面对问题时，也就不会轻易陷入思维误区，被所谓的主流和权威所误导，从而实现自我突破，推动事业发展。

学会提问，千万不要"乖乖听话"

　　古人将学习称之为学问，是因为"学贵有疑""学则须疑"，只有不断提出问题，我们才能真正将所学的知识转化成为自己的东西。提出质疑是探求新知的动力，也是学习的开始，人有了疑问，才会开始思考，只有不断发现问题、提出问题，我们才能不断超越、不断创新。

　　如果一个人读书学习，只一味地接受知识，却从来不会产生疑问，不管书本上说什么都"乖乖听话"，那么即便他能将所学的东西背得滚瓜烂熟，这些知识也不会真正变成他的东西。因为他只是将这些东西记在了脑海里，而并不曾真正转化为自己的知识和思想。没有疑问就没有解答，没有思考，也不会有突破。

早在战国时期，著名的大思想家孟子就曾提醒过我们："尽信书不如无书。"做学问，就是应该边学边问，而不能随便盲从或迷信。若是不会提问，只被动地接受书本上的一切，那么读的书越多，接收的知识越多，反而就越会禁锢我们的思维。如此一来，倒还不如不读书了！

尼采在《查拉图斯特拉如是说》一书中这样写道：

"查拉图斯特拉决定要独自远行。临别之际，他对自己的弟子和那些崇拜者们说道：'你们一直衷心地追随于我，将我的一切学说都熟记于心、倒背如流。可为什么你们却不能来扯碎我头上的花冠？不以追随我、信奉我为耻呢？为什么你们不骂我是骗子？要知道，只有当你们能够来扯碎我的花冠，以信奉我为耻，并且指着我的鼻子骂我是骗子的时候，你们才真正地掌握了我的学说！'"

学习是从质疑开始的。没有质疑思维，我们就永远无法真正理解并掌握一门知识。合理的怀疑与否定，实际上是认识和发展的一个重要环节。思索始于提问，只有建立在质疑的基础上，思考才有立足之地，而只有当人开始思考，"上帝才会发笑"。

这里说的质疑思维，指的就是创新主体在原有事物的条件下，通过提问，综合运用多种思维来改变原有的条件，从而产生新认知的一种思考方式。其最核心的特征就是疑问性，因为存疑，所以不管遇到什么、听到什么，都会问一句"为什么"，然后再在"为什么"的基础上产生思考，展开探索。可以说，质疑思维是人们探索一切问题的切入点，也是人们发现问题并提出问题的钥匙。

惠特尼是美国一位非常有名的工程师。有一次，他在巡视工厂的时候，不小心踩到一块香蕉皮，摔了个四脚朝天。周围的工人们都被这一变故吓到了，尤其是那个乱丢香蕉皮的"罪魁祸首"，更是战战兢兢缩成一团，生怕惠特尼来找他"算账"。

令人意外的是，在摔倒之后，惠特尼似乎并没有生气，反而一副若有所思的样子，神不守舍地离开了。其实，此时的惠特尼正在思索一个问题：为什么在所有的水果中，只有香蕉皮会这么滑呢？

产生这个疑问之后，惠特尼便开始研究这个问题了。他将香蕉皮放到显微镜下观察，发现它的结构十分有意思，它是由数百个薄膜层组成的，而且每一个薄膜层之间的结构都十分松散，含水量还特别高。正是因为这样独特的结构，它才比其他水果的皮都要滑。

　　找到问题的答案后，惠特尼随即又想到：如果能将这一发现应用到工业生产中，那么是不是会带来意想不到的惊喜呢？

　　产生这一想法之后，惠特尼就投入到新的研究与探索中。后来，他终于找到了两种与香蕉皮的结构十分类似的物质，即石墨和二硫化钼。当时，石墨在各个领域的应用已经十分广泛了，但二硫化钼却还无人问津，于是，惠特尼将研究的重点放到了二硫化钼上。

　　后来，惠特尼利用二硫化钼制造出了一种全新的润滑剂，刚一上市就被抢购一空，并获得业内的广泛认可。

　　人人都知道，踩到香蕉皮会被滑倒，但很少会有人去思考，为什么香蕉皮会那么滑呢？所以，大多数人都没有成为"惠特尼"。

　　古人说："学贵多疑，小疑则小进，大疑则大进。"在学习中，当我们能够对某些知识点提出疑问时，才能说明我们已经开始初步理解这些知识点，并能展开独立的思考。而学习就是在这种不断提出疑问、解决疑问的过程中进行的。

事实上，每个人在孩提时代都是极具质疑精神的，那时候，世上的一切对于我们而言都无比新鲜，对任何东西我们都存在怀疑与好奇。但随着年龄的增长，很多人慢慢失去了质疑的态度，学会了"乖乖听话"，哪怕心有疑问，往往也都会下意识地忽略、避开，麻木地接受着这个世界给予我们的一切。

为什么会这样呢？通常来说，有两方面的原因：一是受到周围人态度的影响，比如当孩子不断提出问题时，父母、师长表现出了不耐烦，甚至是斥责的态度，久而久之，就会让孩子在潜意识中认为，不断提出问题是一件不好的事情；二是受自己主观意识的影响，随着年龄的增长，很多人逐渐意识到，一个人是否聪明能干，往往与其所拥有的知识多寡密切相关，而提问就意味着承认自己在某方面的不足，所以，为了这点小小的虚荣心，很多人即便遇到自己不懂的事情，也不肯轻易张嘴提出问题。

　　但无论是出于哪一种缘由，不懂得提问对于学习来说绝对不是一件好事。如果我们总是全盘接受一切，那么我们就无法看到自己存在的不足，以及真正的需求和问题所在，进而失去创新的动因。而无论在任何领域，创新都是推动进步的重要力量。

　　狄德罗曾说过：“怀疑是走向哲学的第一步。”而事实上，不但哲学如此，任何一个领域都是如此。要想真正掌握一门学识，就要从提出疑问开始。所以，无论面对任何事情，都要记住，学会提问，而不是“乖乖听话”，然后全盘接受一切。

灵活与兼容，创造性地解决问题

　　仓央嘉措说："世间安得双全法，不负如来不负卿。"一句感叹，戳中了多少人的心。世事似乎总是难两全，很多时候，鱼和熊掌都是不可兼得的，选择了一个，就得舍弃另一个。但人生中，并非所有问题都是选择题，很多时候，想要解决一个问题，也并不一定就是非此即彼的。

　　但人的思维往往容易陷入这样一个误区，似乎觉得只要认定了某个东西，就再也不能接受其他东西一样。殊不知，我们人生中犯下的许多错误，实际上源自这种片面的认识。而史蒂夫·乔布斯在回归苹果之后的成功，就很好地说明了兼容与创造性可以并存。

高效思考：

拥有快速解决问题的能力

iPod 是苹果公司重要的盈利项目之一，即便是便携音乐设备遍地开花的今天，iPod 同样拥有一块其他品牌难以撼动的领地。而 iPod 与 iTunes 的出现，就是乔布斯兼容创新思想的体现，荣获诺贝尔奖的摇滚歌手鲍勃·迪伦更是称 iTunes 拯救了当时美国每况愈下的音乐市场。

当时美国人想要听音乐有两种方式，一种是购买 CD，另一种是下载盗版音乐。乔布斯本人就是个盗版音乐爱好者，这不光是因为盗版音乐是免费的，更是因为 CD 设备和 CD 光盘携带起来十分不便。乔布斯曾和苹果公司的另一位创始人沃兹搜集了大量的盗版音乐，他知道盗版音乐究竟有多么的便利。

在进军音乐界，准备推出 iPod 的时候，乔布斯觉得不管是购买 CD 还是下载盗版音乐，都不是个好的选择，为什么不能开办一个在网上的、廉价的、便利的音乐商店呢？正是这个想法，让 iTunes 商店出现了，这一举动既增加了 iPod 的销售量，又让许多独立唱片公司找到了更好的生存方式。

iPad 的诞生同样源自兼容和创新。iPad 之所以会出现，主要是为了对抗当时非常火热的上网本。而苹果公司已经有了 Macbook，开发一个更小的笔记本电脑并没有太大的意义。乔布斯认为，触摸屏加上大小适中的屏幕才是最好的选择，其既有好的观感、手感，又有更轻的重量，更便利的操作方式。

并不是所有人都能在第一时间明白 iPad 到底是个什么东西，能为人们带来什么。在 iPad 刚刚面世的时候，不管是苹果的死忠粉丝还是媒体专业的评论家，都搞不懂这东西的定位是什么。就连比尔·盖茨也没看懂 iPad 的价值在哪里，他毫不犹豫地出言嘲讽说："苹果做了个不错的阅览器。"

一切谜底都在 iPad 正式上市的时候揭晓了，iPad 为用户提供了更多的便利，更好的观感，更完美的享受。iPad 的定位是什么已经不重要了，虽然依旧没人能说清楚，但人们已经不在乎了。iPad 兼容了智能手机与上网本的优点，吸引了世人的目光。各大媒体也毫不吝惜自己的赞美。人生中有很多问题其实都不是选择题，当我们在为选 A 还是选 B 而举棋不定、痛苦不已的时候，还可能存在第三种选择，可以实现 A 与 B 双赢。很多时候，真正为难我们的，并非眼前进退两难的困局，而是我们僵化的思维。

《礼记·乐记》中说："乐者为同，礼者为异。同则相亲，异则相敬。"乐的特性是求同,而礼的特性则是求异。同则人们相互友爱,异则人们相互尊敬。

　　我们在处理事情的时候,就应该秉持这种求同存异的态度,做到灵活与兼容,这样才能实现双赢。更重要的是,当我们跳出"非此即彼"的思维框架之后,往往就能看到更多的可能性,从而打破僵局,找到新的出路。

　　辽是契丹族建立的国家,当初辽太宗在统治幽云十六州之后,为了缓和当地汉人对辽朝统治的反抗与敌意,就采取了"以国制治契丹,以汉制待汉人"的统治方针。

　　后来,辽朝一直以这种方式统治幽云十六州长达200余年。而这样的统治方法不仅有效地消弭了汉人对辽朝的抵制,同时又促进了契丹本族的繁荣,对封建制的巩固与发展也有着积极的促进作用,可谓是一举三得。

　　试想一下,如果辽太宗在统治幽云十六州时,非要逼迫当地的汉人改遵契丹的法制,或者直接改用汉人的制度去统治契丹人,会发生什么事呢?相信无论是哪一种选择,都会引起社会的动荡和百姓的反抗。如此必然会阻碍辽朝的发展,消耗辽朝的实力。而这个问题显然不是无解的局,辽太宗根本不需要做这种二选一的选择，因为二者并不是无法共生的。

　　当我们在面对某些无法解决的问题，或无法取舍的选择时，不妨先冷静下来问一问自己，这个问题是不是必须非此即彼？如果不是必须如此，那么又是否可以用灵活兼容的方法来达成双赢的局面，找到第三条出路呢？放开你的思想，跳出惯性思维的框架，你或许就会发现，世间确实存在"双全法"。

辑五　系统思考

——有效解决成长中的阻挠

将你的计划与保证计划实施的工作结合起来，就形成了一个系统。而这个系统，就是保证我们的人生路顺畅的根本。你愿意用系统思考来规划你接下来的人生吗？

目标思考："我"的人生规划合理吗？

每个人都有自己的理想，这个理想有些是通过思考得出来的，而有些则是为了拥有一个理想而刻意建立起来的。理想是如何诞生的，源头是非常重要的。我们小时候，几乎每个小学生都会被老师问："你的理想是什么？"而得到的回答大多是"科学家""宇航员"等回答。真正能够成为科学家、宇航员的人，1000 个当中也未必会有 1 个。这不仅是能力的问题、机遇的问题，更多的是因为大部分人在人生的道路上会逐渐发现自己真正想要的是什么，从而改变了目标。如果为了规划人生目标而规划人生目标，那么这个目标就很难合理。

决定人生规划是否合理的方面有很多，如果能够高效思考，那么就会事半功倍。

力量是个非常宽泛的词汇，包含的内容多种多样，其中最直观的一点，就是我们的个人能力。你有多少能力，你能做到多少事情，这决定了你人生规划的下限是什么。没有人帮助你，不去碰运气，不依靠任何外部条件，你单凭个人的力量能够做到什么程度。一旦你明白了这一点，你就能够知道自己人生规划的下限在哪里。

明白了自己的下限在哪里，你就能够更清楚地认清自己能够做哪些事情，不能做哪些事情。当你通过思考，准确地找到了自己的能力下限以后，就能节约大量的时间与精力，少走很多弯路，做起事情来也会更有效率。

除了自身的能力外，属于我们的力量还有很多。例如，可能是有贵人相助，可能是因为背后有怀着同样理想的伙伴的支持，也可能是因为身处一支强大的团队。不管是哪一种，都证明了人际关系在未来的人生规划当中是一股不能忽视的力量。

在日本知名漫画《七龙珠》中有这样一句话："运气也是

实力的一部分。"如今这句话已经广泛流传。这种想法是不对的，合理的人生规划，必须是可靠的、可控的、稳定的。而运气呢，的确可以当成是一种力量。但是这种力量是最不可靠、最不可控、最不稳定的。没有人能够预知好运气会在什么时候来临，也没有人知道自己什么时候会倒霉。如果我们将运气当成自己能力的一部分，那么这样的人生规划肯定是不合理的。

即便是运气很好的人，也会有倒霉的时候。你没办法让好运气在人生中最重要的节点上到来，也没办法控制自己在那个时候不要倒霉。即便你之前的人生都非常走运，偏偏在某个你最需要好运的时候倒了霉，那么你的人生都会受到影响。所以，我们在进行人生规划的时候，不仅不能将运气当成自己的力量，当成加分项，还要将其当作减分项。

将运气当成减分项，也就意味着我们可能在任何一件事情上都碰到不顺利的情况。那么，我们就要为我们人生规划中的节点预备保护方案和后备计划。在考虑胜利之前，先做好失败的准备。只有那些准备了多重后备方案的规划，才能确保万无一失，也才是合理的。

　　在我们的人生规划中，成长同样是不可预测的。但是，成长却是基本可控的。我们在做人生规划的时候，不能总是想着自己能力不足，这也做不成，那也做不成。要知道，我们在做人生规划的时候，只能说是刚刚站在起点上。在之后的人生中，我们的能力会不断增强，我们的人际关系会不断扩展。我们的力量越来越强，可以利用的资源也越来越多，那么我们人生规划当中后面的部分自然要有更快的步伐，要有信心去挑战更加有难度的目标。

　　成长是可控的，但这不代表我们的成长会是高速、稳定的。如果我们在制订人生规划的时候，将稳定的成长也考虑了进去，那么就必须要为稳定的成长付出更多的努力，来保证这个可控的变量能够按照我们之前的规划而变化。所以，你制订了怎样的人生规划，将自己的成长计算了多少，就要付出多大的努力。如果不能按照你的规划去努力，那么你的人生规划必然是不合理的，必然是在高估自己的能力，很难达到自己想要抵达的地方。

　　我们在进行人生规划的时候，要分段做，这样才能更加合理。因为我们的能力在变化，所处的环境在变化，社会的

高效思考：
拥有快速解决问题的能力

大环境和科技的发展同样都会对我们的人生规划产生巨大的影响。所以，人生规划是一件很严肃的事情，是一件很复杂的事情。而不是做了个梦，就想要将这个梦变成真的。将人生划分成不同的阶段，将自己能够使用的力量与资源都计算好，并且制订足够的备用计划与止损底线，才是真正合理的人生规划。

脱离本位局限，才能够统筹全局

这个世界是充满局限的，大到每个国家、每个物种，小到每个团体、每个人。如果人们能够摆脱自身的局限，脱离本位，那就能够获得更广阔的视野。那么，要如何才能够脱离本位局限呢？

有句话说得好："当局者迷，旁观者清。"我们想要脱离本位局限，最重要的就是站在旁观者的角度来看待问题。如果我们不能跳出本位，站到旁观者的角度，那么我们的视野就会被各种各样的事情所遮挡，难以从全局的角度去看问题，更别说统筹全局。

不能脱离本位局限，不能站在旁观者的角度去考虑问题，最大的影响因素就是得失。人人都有得失心，得到就欢欣，失去就难过。出于趋利避害的本能，保证自己不失去，是在面对得失问题时脑海当中最先出现的答案。但是，世界上没有那么多的便宜可占，如果我们想要获得更大的利益，那么先让利，先失去，这才是最正确的做法。

360 安全卫士是第一款完全免费的安全软件，这在之前是不可想象的。将自己的产品免费给大家使用，显然是一种失去。但是，免费为 360 带来了巨大的客户群体。这庞大的客户群体成了 360 坚强的后盾，360 只靠广告收入就走到了现在。与 360 同时期的收费杀毒软件，大多已经销声匿迹了。

打车软件与外卖软件都经历过让利的阶段，通过各种优惠来吸引用户，培养用户的使用习惯。在击垮了其他竞争对手以后，存活下来的势必会成为行业当中的巨头，获得巨大的利益。如果舍不得失去，那就没可能得到。想要跳出本位，统筹全局，先要放下本位的得失。

本位的局限还体现在情感上。人非草木，孰能无情，每个人都有自己的好恶。不管是对人，还是对其他的什么东西。这些好恶直接影响了你的思维方式和你所做出的决定。如果跳不出自己的好恶，难免会将自己喜欢但并不合适的人委以重任，将那些自己不喜欢但却更加合适的人放在别的位置上，这对于统筹全局来说，是不可原谅的错误。这样不仅会降低整体的效率，还会导致错误率的上升、细节的不完美，以及其他意外。

不能跳出自己的好恶，还会导致对事情做出错误的判断。在评判一件事情的时候，只有公正、客观，才能做出正确的判断。一次错误的判断，可能让整个局势变得不可逆转。可能是雪上加霜、火上浇油，更可能让好事直接变成坏事。只有抛弃了自己的好恶，真正从全局角度出发，才能够做出正确的判断，在正确的时间、场合，用正确的人。只有一切都正确了，才能让局势顺利发展，才算是做到了统筹全局。

习惯也是统筹全局的大敌，人在做事情的时候难免会养成自己的做事习惯，这个习惯往往从学习的时候就已经固定了。在思考的时候，做决定的时候，行动的时候，人都会受到习惯的影响。一旦形成习惯，人就容易产生惯性思维，也就难以适应各种各样的变化了。

我们在进行全局统筹的时候，随机应变的能力是非常重要的。不是所有的计划都能够顺利实施，在计划被执行的时候，我们可能会碰上人员变化、环境变化，或者其他各种各样的事情。当事情发生变化以后，我们习惯使用的最优解，就可能不是最优了。这个时候如果我们不能随机应变，跳出惯性思维，做事情就会遇到阻碍。

　　更可怕的是，当我们被惯性思维支配以后，就难以接受他人的意见了。统筹全局，并不代表要用一个人的力量去解决所有的问题。"一个篱笆三个桩，一个好汉三个帮。"一个人的力量肯定比不上一个团队的力量，而团队所存在的意义也正是如此。每个人都有自己擅长的方面，也都有自己不擅长的方面。想要将统筹全局这件事情做得更好，团队当中其他人的力量能够为我们带来很大的帮助。如果我们盲目自信，用惯性思维思考，不能接受他人的观点与建议，即便是能够达成目标，所选择的方案也未必是效率最高的。

　　全局统筹，最重要的就是"全局"这两个字。想要做好全局统筹，那就要将每个人的智慧发挥到极致，将主观方面的影响降到最低。这不仅是因为凭借个人的力量做不好所有的事情，更是因为只有抛弃自己大多数的主观想法，才能真正从客观上来看问题。客观、全面，是统筹全局的硬性需求。而抛弃自己的主观想法，正是脱离本位，达到客观全面的最好办法。

培养大局观，关键是要抓住这几点

大局观，也就是考虑长远事物的能力，这在我们人生当中是非常重要的。我们要考虑自己的未来，还要考虑家庭的未来。如果想要创业，或者是在某个团队当中成为领袖的话，还要考虑整个团队的未来。缺少大局观，就看不清未来的道路，就不能提前避开风险，以追求那些能让自己更好发展的东西。所以，培养大局观对于自身成长来说是十分必要的，而不是说如果我们不是领袖，如果我们只需要为自己负责就不需要有大局观。

那么，如何才能拥有大局观呢？大局观又有哪几个关键点要抓住呢？

　　培养大局观，先要培养良好的心态。心态能够决定你的能力是否能够发挥出来，只有头脑冷静的时候，才能依靠自己的能力做出正确的选择与判断，才能真正拥有大局观。不管是做将军、统帅还是军师，在面对任何问题的时候，都要能够保持头脑的冷静。热血沸腾固然可以鼓舞士气，但只有冷静的判断才能让你看清局势。如果连局势都看不清楚，就更没办法根据局势做出判断和选择，也就不用谈什么大局观了。

　　所以，培养大局观，先要培养良好的心态，控制情绪。不管什么时候，都不能被情绪冲昏头脑。想要培养良好的心态，培养控制情绪的能力，最好的办法就是三思而后行。在做任何决定之前，都要先平复自己的心态，确认自己的头脑是冷静的，即便内心已经有了方案，也要再三确认自己的选择不会随着心态的变化而变化，然后再去执行。

　　培养大局观的关键点之一，就是还要懂得利益的取舍。所谓的成长，就是利益不断累积的过程。当我们在某个方面获得了一定的利益以后，就会发生质变。例如，我们不断地充电，不断强化自己的某项能力，那么我们就能够在某个行业里获得肯定，达到某个等级。这个质变能够让我们获得更多的机会，拥有更多的选择。当财富积累到一定程度的时候，就能够将其变成我们想要或者需要的东西。例如，我们可以积累财富购买汽车，让我们的生活更加便利，或者是成为我们创造更多财富的资本。也可以购买房产，让我们的生活更加舒适，让我们的心情更加愉悦。

　　利益的取舍主要表现在长期利益与短期利益的冲突，长期利益往往是更大的利益。就如商家推出分期付款的服务一样，一件标价3000元的商品，如果你选择分期付款的话，最后可能要花费3500元左右。多几个月的时间，商家就能多赚到500元的利润，还能够通过这种分期服务提高产品的销量。我们为大局做长远考虑的时候，长期利益和短期利益的取舍是必须要考虑的因素。长期利益总是好的，因为长期利益的收入更多、更稳定。从长远角度来看，长期利益的收益带来的影响是短期利益无法比拟的。但是，有些时候短期利益是我们更加需要的。例如，当我们的量的积累达到了一定程度，还差临门一脚就能发生质变，那么这个时候我们就非常需要一些短期利益来促成我们发生这个质变，进入更高的层次。还有些时候，我们会陷入困境、窘境，如果没有短期利益，我们可能难以支撑下去。如果没有短期利益，就没有未来，那还谈什么长期利益呢？

所以，在考虑大局的时候，长期利益和短期利益的取舍是非常重要的。什么时候该放长线钓大鱼，什么时候应该及时出手，都是应该计划好的。单一的以长期利益或者短期利益为目标，对于大局都不是最好的选择。或者说，没有最好的，只有最合适的。在我们考虑大局的时候，在不同的位置，不同的节点，选择不同的获利方式，这才是拥有大局观的表现。

设计一条简而美的成长路线

在设计成长路线的时候，很多人会陷入迷茫。未来是不可预测的，在我们设想未来的时候，总是会将各种各样的突发状况考虑进去。我们设计的路线是否考虑到了这方面的事情，又是否忽略了那方面的事情。如果我们做了各种各样的准备，还是出现了我们意料之外的事情，那我们又需要做哪些准备来保证我们的成长线路能够按预期进行呢？这些问题困扰着每一个为自己做成长计划的人，按照这个原则设计这条成长路线就会越来越复杂，越来越庞大，就如同一棵大树生长出的无数枝丫一样。

这样复杂的成长路线真的好吗？真的有意义吗？其实

越是将成长路线设计得越复杂，就越没有意义。我们不是先知，预知成长当中出现的每一件事情，是无论如何都不可能做到的。做得准备越多，花费的精力就越多。即便你设计了上百条路线，最终可能出现的其中一条，甚至连一条都不会出现。

那么，我们要如何设计我们的成长路线呢？抓住两个要点就能够设计出一条符合我们预期的成长路线，第一个点是"简"，第二个点是"美"。

"简"，是简约，不是简单，简单和简约是有着很大区别的。简单，也就是只包含了最基本要素的成长路线；而简约，则是精简掉了一切不必要的因素的成长路线。看起来差不多，但实际上区别很大。我们要的成长路线，是要在简单的基础上，增加很多后备资源的。

我们虽然不知道成长路线上会遇到什么意外，但意外总是会有的。制定针对性的对策会浪费我们的时间，但毫无准备无疑会使我们被意外打得措手不及。只有做好了准备，才能保证我们能在第一时间里，利用后备资源制订合理的计划和解决方案。也只有做好了准备，才能保证我们的成长路线不出偏差。

那么，简约的路线包含哪些内容呢？任何一条路线，都要有起点和终点，这两个点是最基础的，也是作为一条路线必备的。而我们的成长路线从起点到终点，中间要经过的时间有几十年。我们不可能从起点一口气走到终点，所以服务区是中间必备的。我们要在服务区里进行自我修整，恢复精力，抚平在行进中受到的伤害，保证自己能精神饱满地回到成长路线上来。

除了休息之外，加油充电也是必要的。在成长的道路上，越是靠近终点，越是接近我们的目标，这条路也就变得越是狭窄、陡峭。我们可能会因为缺少足够的力量而没办法攀上陡坡，也可能因为一步走错而跌下深谷。所以，越是接近目标，我们就越是要频繁地加油、充电，让自己的能力越来越强。单凭我们从起点出发时的能力，想要一口气走到终点是不可能的。

明白自己的起点在哪，明白自己想要的终点在哪，保证了路上的休息站和补给点，那么这就已经是一条简约的成长路线了。但是，只有这些东西，会让我们的成长路线有些无聊。

很多人偏离了自己设定好的成长路线，也正是因为这条路线太无聊了。

我们走在成长道路上的时候，不可能只关注自己想要去的地方。如果看到了远方美丽的风景，难免会生出爱美之心，去看上一看。如果没能及时回到自己的成长道路上来，甚至干脆换了一条自己根本不了解，但看上去十分美丽的路线，那么最后就没办法抵达计划的终点。为了避免我们因为其他方向的美丽风景而迷失了自己的方向，也为了让这条难走的成长之路变得有趣一点，我们在设计路线的时候，除了"简"之外，还要注意"美"。

美，这个字看起来很难说清楚到底包含些什么，每个人对于美的概念也都是不一样的。幸好设计成长道路的人是我们自己，我们总该知道自己喜欢的美是什么。美化我们的成长道路，就是要在成长道路上放一些自己喜欢看见的东西，放一些能够给自己动力的东西，放一些能够吸引我们注意力的东西。

这些东西可能不会让我们获得什么实质上的好处，不会为我们带来成长上的加速，甚至为了到达这些美丽的地方，看到美丽的风景，还会花费我们不少的力气。但是，在成长的道路上，这些东西是绝对值得的。

　　在成长的道路上增加美的东西，可能会让我们领悟到更多的东西。这些东西不是学习、充电能够获得的，也不是别人能够告诉你的。这些感觉只可意会不可言传，只有对于你自己才是真正宝贵的。但是，这些东西是不可缺少的。如果缺少了这些东西，回首往事的时候你会发现自己的人生如此枯燥，如此乏味。

　　成长的道路是崎岖的，我们渴望在这条道路上有所收获，渴望能够抵达我们设计好的终点。但是，抵达终点的时候，最值得我们回忆的却是我们在路上看到的那些美丽的景色。这些美丽的景色能够给我们启示，能够消除我们的疲劳，能够增加我们的动力。如果成长的道路上没有这些美丽的东西，那么我们是很难真正坚持到最后的。

　　美的东西固然是好的，它能给我们带来快乐，带来美好的回忆。但是，我们最终还是要回到成长道路上的。不管外面的风景有多好，不管我们多么痴迷自己设计好的美丽，我们也不能沉迷其中，不能将欣赏风景作为行进的主要内容。

要记得我们走在成长道路上的目的是什么，要明白风景不过是为我们的成长道路增添色彩的。弄得懂轻重缓急，才能将这条简而美的成长道路设计好。

在每一阶段，都要有相应的反省与思考

从我们开始规划成长道路的时候，就应该明白这条道路不是从开头就一直能够走到底的。 条陌生的路，一个陌生的却让我们万分憧憬的终点，无论如何都不可能不走任何弯路，直接就去到那个预设的地方。太远的地方我们是看不到的，即便是认为自己始终朝着那个方向走着，也会因为各种各样的原因偏离方向。这就如同人在伸手不见五指的黑夜当中行走一样，生理本能会让你一直朝着一个方向打转。想要将人生规划好，想要真正地走在自己规划的道路上，最起码要保证前进的方向是正确的。

如何保证前进的方向始终是正确的呢？我们不妨参考一

下盆栽的修剪。我们想要让一株盆栽长成我们想要的样子，那就需要反复的修剪。当盆栽成长了一部分以后，我们就剪掉不想要的部分，留下我们想要的部分。盆栽不断地成长，我们不断地修剪，最后盆栽就能变成我们想要的样子了。每次成长，每次修剪，都要按照一定的阶段进行。盆栽生长较快的时候，我们修剪的频率就要提高一点。盆栽生长较慢的时候，我们修剪的频率就要降低一点。总归，要按照一定的规律将盆栽的生长周期划分出不同的阶段，按照阶段进行。

如果修剪的频率太高，那么即便盆栽生长的方向是我们想要的，成长也不可能太茁壮。更何况，我们认为留下某根枝条盆栽就能成为我们想要的样子，这根枝条未必就能存活下来。而如果修剪得太晚、太慢，我们不想要的枝条可能已经长得很茁壮，抢走了太多的养分。又或者，我们想要的那根枝条，顶端部分已经弯曲成不是很理想的样子了。如果我们想要一盆完全符合自己心意的盆栽，那就必须要分阶段，经常去修剪。

规划成长道路的道理，和修剪盆栽是一样的。修剪盆栽是校正盆栽生长的方向，而我们的成长道路想要一直朝着正确的方向，也必须不断校正。而校正所需要的方式，就是反省与思考。在人生的一个阶段结束以后，另一个阶段开始之前，就是反省与思考最好的时间。

　　那么，我们究竟要思考些什么呢？

　　反省往往是针对那些犯下的错误，针对那些不尽如人意的事情。但不是我们在这个阶段收获了成功就不需要反省了，正相反，越是顺利，我们就越是要反省，需要反省的是我们所制定的成长道路。之前已经强调过了，如果要规划合理的成长道路，就要对自己有个全面的评估，规划的时候不要超过自己的能力，但也不能低于自己的能力。如果我们在某个阶段里大获成功，那很有可能是低估了自己的能力。

　　在上一个阶段非常顺利的前提下，在下个阶段就不妨将目标定得再高一点。既然我们要成长，那就必须要有挑战。总是在舒适区里，总是去做那些很容易就能做到的事情，很难刺激我们的成长，加快我们的成长速度。在成长当中，我们需要阻力，需要去不断地解决难题，收获更多的知识，更大幅度地提高能力。哪些地方可以做得更好，哪些方面还需要提高，如何规划我们的成长道路才是最合理的，我们在上一个阶段是不是配得上更好的战利品，这些是在成功时需要反省的内容。

失败的时候同样要进行反省。如果我们的失败是惨败，是一败涂地，那就必须调整成长道路的阶段了。过于高估自己，导致上个阶段距离达成目标甚远，那就说明在下个阶段里，同样很难达成目标。只有适时地调整方向，重新评判自己的能力，才能让自己重回正轨。如果只是惜败，就需要反省自己有哪些细节没有做好，是不是少看一点儿风景，多走几步，就能够完成这个阶段了。差一点儿就能达成目标，这样的失败固然可惜，但没必要继续在上一个阶段流连，花费大量的时间反省。只要查缺补漏，保证在下一个阶段不犯同样的错误就可以了。"人非圣贤，孰能无过，过而能改，善莫大焉。"反省的目的不是让我们为过去的失误而懊恼，而是为了我们在未来有更好的表现。

思考，是每个阶段中必须要做的事情。如果说反省是找出自己过去的不足，那么思考就是在为下一个阶段做准备。不断地修正我们前进的路线，思考是必不可少的。不管上一个阶段我们是否收获了成功，都必须要思考几个问题：我们现在前进的方向是正确的吗？是我们想要的吗？还有更好的选择吗？只有想通了这几个问题，才能保证我们的成长道路是合理的，是最优选。

在这几个问题当中，这个目标是否是我们想要的，是最关键的问题。知之者不如好之者，好之者不如乐之者。只有我们真的喜欢，才能够保证成长的延续性。仅仅是取得了阶段性的胜利，就觉得不管自己是否喜欢，凭借着自己的能力都能一直走下去，这种想法就太天真了。成长的道路是很漫长的，中途我们会遭遇很多的敌人——疲惫、怠惰、麻木，甚至是失去兴趣，这些东西都能让我们忘记自己还处在成长的道路上。在我们面对这些敌人的时候，会想要休息，会想要去其他地方看看更好的风景。可能休息的人再也没有继续前进，可能去看风景的人偏离了方向，最终都没有抵达之前设定好的终点。

当你觉得成长道路的规划不合理的时候，一定要及时改进，及时修正。朝着错误的方向，走得越远，回到正轨时就越辛苦。只有朝着正确的方向前进，走得远才是有意义的。

辑六　建立逻辑链

——思考有"套路"，才能更高效

～～～～～～～～～～～～～～～～～～～～～～～～～

　　如何规划我们的脑力，让我们能更有效率地思考，完成更多的工作呢？最简单的方式就是建立一条逻辑链。

所谓逻辑力：概念、判断与推理

　　逻辑思维能力在我们的生活当中是非常重要的，拥有强大的逻辑思维能力能够让我们推算出一些事情的因果关系，让我们的思考方式有更好的结构，提高我们的思考效率。想要做到高效思考，拥有较强的逻辑思维能力就是必备条件。

　　逻辑思维也是有个过程的，具备了概念、判断和推理这三个步骤的逻辑思维才是完整的。如果缺少了其中哪一步，那么这个逻辑思维的过程就是有缺陷的，是不完整、不可靠的。所以，要培养逻辑思维的能力，先要明确逻辑思维的三个部分都是什么。

　　概念，是逻辑思维的基础，是人们从感觉上认识事物提升到从理性上认识事物的成果。人们第一次见到某样东西，是很难对其产生一个合理的概念的。而如果见得多了，就可以了解更多这件事物的特点。越来越多的特点归纳到一起，就能形成对这一事物的概念。越是复杂的概念，就越是严谨，越是能将概念指向某个单一事物。当然，有些概念是用许多概念串联起来的，这样的概念看似简单，但是将其他的概念也分别解析，就可以理解其复杂之处了。

假设我们第一次看见苹果，可能会用"红色的果实"这句话来形容，来当成是苹果的概念。但红色的果实是有很多种的，单单用来形容苹果，非常不可靠、不严谨。如果用"树上结出的红色果实"，就可以缩小范围，让这个概念变得严谨一些。虽然只增加了一个关键词，却能排除掉很多东西。当然，如果要彻底理解这个概念，还要先明白"树"这个概念。

幸好，我们如今所能接触到的概念是有历史延续性的，是人类在几千年的发展中总结出来的，是我们可以直接拿来使用的。这让我们能更好地去描述事物，让逻辑思维的构建变得更加简单。我们在进行关于某件事物的逻辑思维之前，明白其概念是必要的先决条件。

高效思考：
拥有快速解决问题的能力

　　判断，是我们利用"是"或者"不是"来为某件事物的属性下定论的过程。在不同的概念进行碰撞的时候，做出判断能够让我们更好地理解事物。例如，我们理解了"猫"这个概念以后，就会判断出猫是有骨头的。那么，当我们得知有一种生物没有骨头的时候，就可以先判断这种生物不是猫。我们所能获得的概念越多，对一件事物的判断就越是准确，即便我们并不认识这件事物，也不妨碍我们了解这件事物的基本属性。

　　推理，是我们分辨事物之间关系的过程。一件事物，必然是有众多因素构成的，而这些因素人多来自概念和判断。但是，这些因素组合到一起，究竟能否构成这件事物，就不一定了。究竟能产生什么反应，还要看这些被定义了概念、下了判断的东西能否发挥出自己的功能，发挥了自己的哪些功能。至于能不能成功，能不能形成事物，就需要我们发挥推理能力了。拥有越多因素的事物，就越是难以推理其结果。很多事物的产生都是环环相扣的，如果中间的哪一步出了问题，就会失败。我们在推理的时候，只能倾向于可能性比较大的结果。但是，有些有明显倾向性的因素加入事物时，会对事物的发展方向起到一个明确的指引，让我们更容易做出推理。

　　假设小明今天有很多作业，小明的表哥来小明家玩。那么我们可以做出一个推理，那就是小明很难完成今天的作业了。但是，表哥来小明家玩这个因素，加上其他的因素，也可能产生截然相反的结果。例如，表哥来小明家玩，他指导小明做了作业。在这个因素的影响下，我们又可以推理出小明今天的作业是可以完成的。

　　不同的因素导致不同的结果，我们的推理也不能死板，要根据不同的情况进行修正，才能做出正确的推理。

　　当我们了解了逻辑的整个构成以后，就可以开始培养我们的逻辑思维了。先了解所涉及事物的概念，这是最基本的要求。如果缺少对事物概念的了解，我们就很难做出正确的判断，更别说做出推理了。很多人在思考的过程中都小看了概念的作用，想当然地认为某些事物与我们所了解的一些事物的概念是相似，甚至是相同的。在判断和推理的时候，就得出了错误的结论，选择了错误的应对方式。如果你彻底了解了一个事物的概念，那么就更容易做出正确的判断和合理的推理。

利用普通人对某些专业知识缺少概念性的理解，不良商家们从中攫取了大量利润。很多新概念上的保健品并不具备治疗疾病的效果，却在宣传上营造出包治百病的感觉。还有些保健品在进行宣传的时候，只告诉你其中含有哪些人体必备的元素，却不说明这些元素人们在日常饮食中就能充分获取，又或者是该保健品含有这些元素，却和日常饮食一样难以被人体吸收利用。一旦人们对于这些产品的概念有一个清晰的了解，就能够准确地做出判断，这些产品是否适合自己，使用了以后是否有效。

推理，我们想要得到的结果，也是我们实现逻辑思维的最后工序。我们要根据之前了解到的概念和我们做出的种种判断进行结合，才能真正做出合理的推理。如果缺少了解概念、做正确判断的这两步，那么我们做出的推理就会是错误的。做事情失败，往往就是因为我们的推理是错的。或许概念是错的，或许判断是错的，又或许我们在进行推理的时候忽略了某些条件。

在我们进行逻辑推理的时候，所得出的答案往往也不是只有一个。答案越多，可能性越多，就说明我们的先决条件并不充分。我们所知道的概念太少，我们所做出的判断太少。在进行推理的时候，每个因素都是至关重要的。在第一次进行推理的时候，可能会得到 50 个答案。如果我们能够获得更多的因素，进行更多的判断，那么就会不断地减少答案的数量。最终，将答案范围缩小到我们能够应付得来的程度，然后再去一一尝试，这样就能够得到一个肯定的答案、确定的结果。

逻辑思维能力是思考过程中必不可少的能力，特别是在我们对某些事情知之甚少的时候，逻辑推理能够帮我们摆脱两眼一抹黑的状况，获得很多虽然不够确定，但很有可能对我们有帮助的信息。

思考结构化：提出问题，分析问题，归纳问题

　　在我们拥有了系统的逻辑思维能力，学到了逻辑思维的窍门，我们思考问题，解决问题就会变得容易很多。但是，思考也不能盲目地进行，也要寻找最合理的思考方式才能够让思考变得更有效率。最简单的方式，就是将思考结构化，形成提出问题，分析问题，归纳问题的流程。

　　思考第一步就是提出问题。很多人错误地理解了这个过程，认为要先有一个问题才能够去思考。如果你的问题不是通过自己思考得来的，那就是通过别人的思考、别人提出得来的。问题必然来自思考，如果你每次思考都是在有了问题以后才开始，那就说明在没有其他人提出问题的时候，你是

很难开始思考这件事情的，也就是思考缺少独立性。

我们必须要提出一个问题，才能开始思考。提出问题，必然是因为遇到了某些情况，而需要通过回答这个问题来解决我们遇到的情况。遇到情况这个过程是非常自然的，就如同我们肚子饿了，然后就会提出一个问题：我要吃什么。当然，肚子饿是一个必然要解决问题，所以并不需要太多的前提。而在生活当中，我们遇到的很多状况都是可以绕过的，即便不提出问题，也不影响事情最终的发展结果。但是，提出问题能够为我们带来更多的利益，提升效率。很多伟大的科技发明都是因为发明者敢于提出问题而诞生的，因为只有提出了问题，我们的思考才能进行下去。提出问题是思考的起点，没有起点也就没有路，更谈不上抵达终点。

在我们的工作、生活中，如果遇到了某些情况，不要先想着绕过，而是要先提出问题。

在我们提出了问题以后，就要对问题进行分析。只有将问题分析透彻了，才能够解决问题，得到这个问题的答案。得到答案是我们分析问题的最终目标，却不是我们开始分析问题的初衷。在分析问题的时候，我们会不断地进行逻辑思维，不断地进行判断，进行推理。那么，我们在提出问题以后，得到的第一个答案也是关于这个问题的，那就是这个问题是否值得去解决。每个问题在解决的时候都需要花费时间，花费精力，花费一些资源。在我们解决了这个问题以后，能有多少短期收益，能有多少长期收益，对我们是否有好处。这个答案是至关重要的，关系到我们后面的步骤是否有必要进行下去。

　　分析问题得到的答案未必适用于每个人，萧规曹随不是每次都行得通。一位老员工在工作的时候一直使用了某种方式，但是新员工在接班以后用这种方式就未必是最合适的。可能因为老员工要离职了，花费时间去改变自己的工作方式并不划算。也可能因为大环境改变了，新员工有更好的技术、更好的设备，让工作变得更有效率。同一件事情发生在自己身上和别人身上，不能一概而论。我们可以参考别人解决问题的方式，然后对这个问题加以分析，最终得到适合自己的答案。

　　分析问题的时候，我们能够得到各种各样的答案，能够得到每个阶段的答案，能够得到加入不同因素而得到的不同答案。将这些答案归纳到一起，也就能得到最终答案了。这个过程，就是我们归纳问题的过程。人们将归纳出的结果叫作经验，学习时归纳的结果叫学习经验，工作时归纳的结果叫工作经验。这些经验能够让你在做某件事情的时候更好上手，换了新环境也能更快适应。

归纳问题是件好事，但是在归纳问题和使用我们归纳的结果时，有两个关键点一定要注意。

第一个关键点，我们的经验要分成不同的阶段来归纳。我们在分析一个情况的时候，会遇到各种各样的问题，在解决问题的时候也会有各种各样的阶段。我们能得到很多个答案，并且将这些答案归纳成为最终的答案。但是，我们在使用经验的时候，使用的并不一定是最终的那个答案，每个阶段的答案，每个小问题的答案，都是宝贵的。

例如，我们想要做一把斧子，就要先获得木棍和斧头。将木棍与斧头结合到一起，就得到了一把斧子。那如果我们要做一把锤子呢？单单看最后的结果，锤子和斧子是不一样的。但往前追溯我们得到的答案，就会发现其中有很多可以利用的经验。如何去找合适的木棍，如何将锤头与木棍结合起来，这些都是与做斧子相通的。如果我们分阶段归纳，那么借用做斧子的宝贵经验就能够让我们在做锤子的时候事半功倍。

第二个关键点，我们归纳问题得到的结果，并不是每次都能直接使用的。虽然我们得到的经验是非常宝贵的，但只能运用到相似、相近或者完全相同的领域。如果是在某些未知领域，我们还是要重复逻辑思维的过程才能够保证我们的经验是适用的。不要想当然地认为过去积累的经验就一定能用在你觉得相似的领域。在我们明白其概念，做出判断之前，不管本能上、感性上感觉有多相似，也未必就真的用得上。

"未来符合过去。"这种说法只是在相近的时间、相似的领域当中才合理。就如同看一部古代电视剧一样，将现代人的思维带入，就会发现剧中人的行事方式、思考逻辑，都很不合理。有些时候是剧情的确存在问题，有些时候则是观众先是在生活当中归纳出了一定的经验，带入了不合理的环境当中。不仅是在时间上存在问题，不同的地域、不同的文化圈，归纳出的经验同样存在不适用的情况。可见，我们归纳出的经验适用范围是很狭窄的。

遇到问题先假设再论证对与错

　　我们思考问题的时候，经常会遇到看似正确，但实际上又经不起推敲的答案。这种答案放在当前框架中可能是合理的，但本质上并不合理。得出这种答案，会让我们的思维方式发生扭曲，甚至会导致我们对于某些事物产生错误的概念。要跳出这种思维怪圈，找出正确的答案，不妨使用假设的方式来论证一个问题的对错。

　　假设能够让我们在缺少必要条件的情况下模拟出一个拥有必要条件的环境，在这样的环境当中进行论述，就能得到相对合理的结果。这种方式在物理学当中被广泛运用，甚至不少物理学定律的前提就是在现实中几乎不存在的假设当中进行实验。例如惯性定律，就假设了一个完全没有摩擦力的情况。可见，假设论证是合理的。

但是，假设毕竟是假设，缺少现实当中完整的情况。我们想要通过假设来得出结论，成为我们判断对错的依据，就必须要保证需要的条件尽量完整。例如，我们要判断"人的年纪越大，知识就越多"这句话是否正确，那么就必须要设定好完整的前提条件。如果两位老人除了年龄大小不同外，个人条件、受教育程度、主观努力等情况都不相同，那么是无法得出一个准确答案的。但如果两位老人的学历相同、所能接触到的知识量相同、个人能力上没有差异、努力程度也一致，那么"年纪越大，知识越多"这句话才能够成立。

因此，我们可以得出一个结论，完整的条件是我们进行假设的必备要素。如果条件不完整，那么假设就是毫无意义的，不会得出我们想要的结论，更不能凭借这种假设来做出判断。

利用假设进行对与错的论证，还可以从反面进行。我们已经知道了，事物的发展是众多因素结合到一起，互相影响造成的。但是，哪些是必要条件，哪些不是必要条件，既定的方案是对的还是错的，有哪些部分可以省略，这些都是我们做好假设能够获得的好处。这种思考方式在很多需要摸索流程的工作中经常被运用到，我们在使某件事情成功的时候，可能使用了 5 个流程、10 种资源。那么，我们就可以从中分析这些流程和资源是否必备的，到底是哪些流程，哪些资源让这件事情获得了成功。假设我们去掉其中的某个流程、某种资源，失败了就说明这些东西是必需的，而如果还是能够成功，就说明去掉它们可以起到节约资源、提高效率的作用。

假设是一种非常便利的判断对错的方式，在判断一些简单事情的时候，我们甚至不需要什么外部条件和资源，仅仅凭着我们的经验和记忆力就可以完成。我们可以使用这种方便快捷的方式，却不能滥用假设来判断生活当中的每一件事情。特别是在使用假设的时候，要遵循两个重点来看待假设得出的结论。

第一点，不管我们怎样假设，条件多么充分完整，假设了多少次都得出了同一个结果，这个结果仍然可能是错的。

假设的前提就是假，即便有一定的合理性，也不能保证我们在假设当中得出的结论一定是对的。如果我们将假设的内容搬到现实中来，那么可能会出现很多的意外，会出现很多我们并没有想到的问题。这些问题的出现可能是我们没有想到的，但更多的是我们根本想不到的。假设可以有绝对，但现实当中却很难达成假设当中的那种绝对。特别是在涉及人的行为、人与人之间关系的时候，不管你对一个人多了解，也不能草率地根据假设就肯定一个人的行为的对错。也许在你不知道的地方，就有能够扭转你结论的因素出现。

　　第二点，即便我们得出了结论，在求证的时候仍然要注意。所谓大胆假设、小心求证，就是这么一回事。毕竟在假设当中一切操作都不经过我们的双手，是不会出现失误的，假设当中的各种物品它们的功能也不会产生误差。但是现实不同，我们在操作的时候可能会有偏差，所使用的物品本身也可能与假设当中的物品规格有所误差。"差之毫厘，谬以千里。"一点点的不同带来的结果就可能与我们假设当中的完全相反。

　　在工作和生活当中，不管我们在假设中将一件事情做得多完美，在实际操作的时候也要小心，也要注意。假设当中没有失误，但是现实中却有。

　　论证对错可以使用假设的方式，但假设却未必是唯一的方式。如果有条件，要尽量使用能够在现实里进行的论证。即便是使用了假设，也尽量保证这个假设在未来是可以验证的。如果我们的假设永远只能是假设，永远都没办法去验证，那么这个假设就缺少了其意义。不能验证的假设也就没办法去判断对错，因为即便根据这样的假设做出了结论，对错也没办法去验证。

类比思考：有比较，才知道自己的想法可靠不可靠

思考有多种多样的方式，不是每一种都能达到我们想要的效果，也不是每一种都是适合我们需要解决的问题。当出现某个问题，是我们之前用归纳问题的方法得出的经验无法解决的，是我们知之甚少导致我们的逻辑思维得不到答案的，这个时候能有一种即刻运用，给我们帮助的思维方式吗？类比思考，就是这样一种思考方式。

类比思考，是一种比假设更加简单，但也更加不准确的推理方式。特别适合在我们缺少大多数条件的时候进行，甚至有些时候连事物最基本的概念、特性，我们都不需要获得。我们只需要知道某种与其相似的事物，就可以进行类比，最

终得出一个答案。

例如，我们知道鸭子具有怎样的特点，鸭子有扁平的嘴，脚上有蹼，羽毛上有很多小的绒毛，会游泳。那么鹅呢，同样有扁平的嘴，同样在脚上有蹼，羽毛上同样有很多小的绒毛。那么，即便我们不知道鹅会游泳，也可以通过类比得出"鹅是会游泳的"这个结论。

类比思考对于我们的生活有着很强的指导意义，没有人是全知全能的。在生活当中、工作当中，有很多我们不了解，甚至可以说是一窍不通的事情。针对这样的事情，最好的解决方式就是进行类比思考。

想要在某件事情上获得成功，最好的方式就是模仿别人的成功方式，这就是一种类比思考。别人在成功的时候拥有了哪些条件，我们就准备好哪些条件。别人在成功的过程中花费了多少的时间，我们就要有耐心地坚持到同样的时间。一比一的模仿下来，即便是没有达到对方的效果，我们也总会有所收获。

除了模仿他人的成功方式之外，我们能够进行类比的东西太多太多。你的想象力有多丰富，你能够找到的类比对象就越是充足。"以史为镜可以知兴替,以人为镜可以明得失",这其实就是一种类比的思考方式。虽然在这个世界上没有完全相同的两个人,但是他人的经历是值得我们去思考的,当他人遭遇失败的时候,我们要引以为戒;当他人获得成功的时候,我们也要学习对方身上的长处。"三人行必有我师焉",也说明类比思考的重要性。

　　类比思考还可以借助自然界中的存在,自古以来人们的创造与发明就离不开大自然。不管是外观方面的设计美学,还是一些比较实用的机械结构,人们从自然界借鉴了太多太多。这些都是人们发挥了类比思考的能力,将那些好的、人类本身没有的能力,利用想象力、创造力,进行人为的重现。

　　科幻作品同样是人们类比思考的灵感来源,很多科幻作品当中所提到的东西,就是人们努力的方向。回首过去的科幻作品,我们会发现上面的很多东西都已经出现在了我们的生活当中。例如,小巧的通话设备、已经快可以投入使用的全息投影技术、全民都用上了的 GPS 定位导航……可能有人觉得这样的类比方式是很投机取巧的,只要有人想象出了那些方便的东西,人们再去实现就可以了。其实并不是这样的。

很多科幻作品中出现的东西并不符合人类科技的发展轨迹，有些东西还没有实现就已经被超越了。科技的发展速度远超人们的想象，现实有些时候比科幻作品更加激动人心。这是人类智慧与毅力的结晶，也是人们在进行类比思考时做出的抉择。

既然有抉择，那就说明类比也是要有一定规范的，不是什么都可以进行类比思考的，特别是我们对于类比得出的结果是有要求的，是要对我们有所帮助的。我们对于事物的概念了解越多，对于事物的本质了解得越深，我们的类比推理就越容易成功。如果想要去解决问题，想要获得安全可靠正确的答案，绝不能盲目进行类比。

前几年人们突然热衷于食用生鱼，很多餐馆也都推出了生鱼片类的饮食。在人们印象中，日本是非常喜欢食用生鱼的国度，中国自古以来也有鱼脍这样食用生鱼的方式。虽然有不少人知道食用生鱼有感染寄生虫的隐患，但将鱼的种类进行了类比，认为只要用的鱼的种类和传统类型的一致，就不会有问题。其中最大的争议就是鲑鱼，也被称为三文鱼。在商家的宣传中，淡水三文鱼和海洋三文鱼一样，都不会有感染寄生虫的风险，但实际上并非如此。

　　这个问题的本质、关键点，并不是鱼，而是寄生虫。过于关注鱼，其实是对问题本质的错误理解。海洋三文鱼之所以能够生吃而无风险，是因为海洋中的寄生虫没办法在人体当中存活下来，并不是鱼本身没有寄生虫。淡水三文鱼想要安全食用，对于养殖环境有着非常严格的要求，如果是野生的，那么感染寄生虫的概率就很高。

　　与食用生鱼类似的还有进口牛奶的问题。在人们的印象当中，牛奶的保质期不宜太长，时间太长，牛奶变质的风险就会大大提高。当国外进口的牛奶进入中国的时候，其长达几个月、甚至一年的保质期，让不少消费者望而却步。人们会认为，保质期这样长是不合常理的，一定是牛奶成分问题。其实决定牛奶是否变质的不是牛奶本身，而是牛奶中的细菌。国外的牛奶使用的杀菌技术与国内大部分厂商不同，高温杀菌可以消灭牛奶中大量的细菌，从而延长了牛奶的保质期。保质期长达数月、甚至一年的牛奶，不会对人体健康造成影响，只是经过高温杀菌，味道并不那么可口而已。

仅仅凭着我们的经验去类比，的确能得到一些问题的答案。但是，这个答案远远不如了解了事物概念和本质进行类比来得准确。

博弈思维：如何在竞争中赢得更多

　　人是生活在社会之中的，离开这个社会，就意味着放弃了舒适的生活，放弃了便利的条件，放弃了人与人之间的交流。人与人之间有多种多样的关系，互相帮助，互相扶持，互惠互利，都是人与人之间的常见关系。而竞争关系，也是很常见的。如今人们将双赢挂在嘴边，但达成双赢并不是那么容易的事情。竞争的双方未必是不死不休的，却经常是一方获得的多，另一方必然就获得的少。市场就那么大，客户就那么多，资源的数量就是那样有限。如果不在竞争当中努力，那么就只能做得多，拿得少。

　　想要在竞争当中赢得更多，想要在博弈当中胜出，就必须要有博弈思维。在博弈思维当中，主观能动性很重要。如果缺少主观能动性，听天由命，那么就难以在博弈当中胜出。即便是在之前有过成功，那也不过是因为上天的眷顾，是大环境的影响，是机会主动撞到了身上。但是，在我们有了竞争对手，双方进行博弈的时候，受到大环境影响的可就不是某一个人了。在同等的机会下，自然是那个更努力、更有主观能动性的人能获胜。

在博弈当中拥有主观能动性很重要，但博弈思维的关键点往往不在自己身上。客观条件和竞争对手的所作所为对于博弈的影响是至关重要的。拥有博弈思维，我们所能控制的除了自己的努力之外，就是自己的思维方式了。我们要用更加聪明的方式去思考问题，才能在博弈当中收获更多。

在博弈思维中，最好的未必就是能获胜的。这个世界上什么样的人最多呢？智力低下的？智商较高的？都不是，这个世界上最多的是普通人。普通人之所以普通，最主要的一个原因就是他们不喜欢独立思考。独立思考是一件很辛苦的事情，要自己去了解概念，去判断对错，去进行推理。远远不如从所谓的专家、权威或者是大多数人那里得到一个答案来得更加方便。那些因为地位、年龄、家庭等因素，有了一定权威的普通人，还会利用自己的权威将自己的答案传播得更加广泛。正因为如此，很多年轻人才会有"不孝有三，科普为大"的困扰。所以，同类产品中销量最高的就是最好的吗？销量高的必然有其优点，但是否最好就未必了。这只能证明他是最多普通人所选择的，是最多普通人拥护的。而这种选择，未必就是独立思考得到的结果。可能是因为营销策略，可能是因为宣传方式，也可能是受其他方面的影响。

　　P2P 理财屡屡出现问题，也是人们博弈思维的表现。数家 P2P 理财平台出了问题，导致人们谈 P2P 理财就本能地认为是骗局，其实正规 P2P 理财本身并不是骗局。P2P 理财是将投资人的钱贷款给需要借贷的人，从中抽取利息，这本是很正常的经营方式。但是不少 P2P 公司筹得到投资，却放不出贷款，没有收入，于是只能用资金池中的钱来付利息。久而久之，公司运营状况无法扭转，资金池里的缺口却越来越多。如果投资人要求将所有的钱提出来，公司就会立刻崩溃。于是，就产生了创始人卷款逃跑的现象。

　　那些不能正常运营的 P2P 平台，仍然有大量的人在进行投资。有些人是真的相信只要投资，就能定期有丰厚的分红。还有些人是明白这些平台经营是有问题的，但是他们利用平台愿意以高额红利吸收投资的状况，一次性投入大量资金，试图在短期内赚上一笔。在他们看来，只要还有人在追加投资，只要平台的运营状况还能维持，只要他们不是在平台逃跑前最后一个进场的，就没有风险。对于他们来说，这种投机就如同在玩击鼓传花的游戏一样，有那么多倒霉蛋，花只要不落在自己手里，就没有任何问题。

我们每个人都有自己的长处，也都有自己的短处。在我们与对手竞争的时候，要抓住机会，发挥自己的主观能动性，扬长避短，这样才能在博弈当中获利更多。虽然博弈需要我们考虑到大环境，考虑到竞争对手，需要我们想得更多、更广、更远，需要我们成为群体当中的那个聪明人，但不代表利用博弈思维投机就是正确的。

不可否认的是，博弈思维的确非常适合投机。但同样不能否认的是，揣摩人心始终是这世界上最难的事情之一。总是利用博弈思维进行投机，难免会因为一次失误而血本无归。常在河边走，哪有不湿鞋。夜路走得多了，难免遇见鬼。投机一次可能会尝到一些甜头,但这种投机只要失败一次,之前的那些甜头就要变本加厉地还回去。看似容易的赚钱方式,实际上回报与风险相比,并不划算。

在美国大萧条来临之前,就有无数的股票经理人、投资顾问利用博弈思维大赚特赚,近乎吸血一样搞垮了一家又一家的小公司,将一波又一波的散户的钱变成了他们自己的。他们能够利用博弈思维去赚别人的钱,却没办法利用博弈思维去改变大环境。在大萧条到来的时候,在一夜之间就被打回原形。前一天还灯红酒绿、纸醉金迷,第二天就从高楼上跃下。后来被称为股神的沃伦·巴菲特始终没有利用这种博弈思维去投机,他在所有人都在拼命赚钱的时候远离了股市,这才是博弈思维更高级的运用。显然股神巴菲特将这些股票经理人的所作所为也考虑了进去,算进了自己的博弈思维当中。他从这些股票经理人的赚钱方式中,预见了大环境被破坏,股市早晚会崩溃。

博弈思维就如同下棋一样,每个人都在计算接下来棋盘上会有怎样的走势。算的步数越多,在博弈当中赢的机率越大。

辑七　洞悉未来

——规律的秘密，人人可参透

～～～～～～～～～～～～～～～～～～～～～～～

　　在我们的生活当中，规律无处不在，将规律拆散来看，就是无数个趋势彼此联系在一起。如果我们能够参透规律的秘密，也就参透了世界变化的秘密。

为什么趋势只被1%的人看到呢？

　　在信息社会，人们接触的东西越来越多，得到的信息越来越多，因此不甘于平凡的人也越来越多了。想要朝九晚五工作的人越来越少，选择创业的人越来越多，每个创业者都觉得自己能够获得成功，自己找到了那片蓝海，看到了未来的趋势。然而，在众多的创业者中，成功的并不多。那些自以为看清了趋势的人，努力得来的收获还不如在一线城市买套房的收益更高。显而易见，他们并没有看到趋势。真正的趋势只被 1% 的人看见了，那么这 1% 的人和其他 99% 的人，有什么区别呢？

　　人与人之间从生理上来说并没有显著的区别，只有 1% 的人能看到趋势，主要是意识上的影响，是天时、地利、人和共同作用的，也是由人的思考方式所决定的。大多数人都不知道一个事实，那就是颜色在每个人的眼中都不一样。你眼中所看到的蓝色，在他人眼中未必就是你所看到的颜色，同样一件事在每个人眼中也是不一样的。偏绿一些，偏紫一些，深一些，浅一些，都是有可能的。这就造成了在人们谈论同一件事情的时候，会得到并不完全相同的认识。

我们在预测趋势的时候，同样会出现这种状态。有些人觉得这就是未来的趋势，而有些人觉得不是。即便有些东西看似已经有了一定的热度，甚至热度还在不断地上升，也不代表就能够成为未来的趋势。越是在信息时代，这种情况就越是明显。某个人，某件事情，某件东西，某项技术，在一段时间内可能有话题热度，看似在将来一定会大红大紫。殊不知这种热度来得快，去得也快，最后不仅没能成为趋势，反而昙花一现，在拥有短暂的热度以后就销声匿迹了。所以，在我们觉得某样东西会成为未来的趋势时，要认真考察，当前的上升趋势，当前人们的关注度，是真的还是假的。需要评估这样东西真的值得人们关注，还是人为制造了火爆的假象。只有分得清真假，才能保证自己不被愚弄，真正看清趋势。

在我们看清了事情真正的情况，能够排除假的趋势时，就可以去寻找真的趋势了。人人都在找趋势，因为趋势是一种难得的机会，找到了这个机会，就等于乘上了一艘开往成功的大船。就如同前几年网络上流行的那句话一样，"站在风口上，猪都能飞起来。"我们将趋势看作是一种机会，而机会总是留给有准备的人。

机会总是留给有准备的人，趋势同样如此。当大家都在寻找同一件东西的时候，那这件东西在哪最容易被找到呢？当然是在"自己家里"。越是熟悉的地方，找起来就越有效率。在一个熟悉的地方，你自然知道应该去哪里寻找，哪里不可能有，哪里甚至连藏着机会的空间都不存在。

很多人因为看见了渺茫的灯光，贸然闯入了自己不熟悉的领域。这个时候等待他们的不是予取予求的金矿，而是放眼望去一片荒芜的沙漠。踏入一个自己不熟悉的领域，对于寻找趋势的人来说是一件非常可怕的事情。这意味着"熟悉环境"这件事情就要吞噬你大量的时间和精力，而当你耗费了这些时间和资源以后，才刚刚走到这个领域的起跑线上。

你的竞争对手们，早就跑出很远了。除非你有更强大的团队，更丰富的资源，更高的技术力，更好的运气，才能保证在蓝海被人开发完毕之前进去，跟竞争对手们展开竞争。

在自己的领域中寻找趋势，是相对容易的事情。这不仅是因为面对竞争对手时拥有绝对的领先优势，更是因为你有更好的渠道，有更多的信息来源，有更好的基础，有更快的学习能力。如果选择在自己的领域当中寻找趋势，绝对是事半功倍的。

有不少人一辈子都在同一个领域当中，终其一生他们也没能发现趋势、利用趋势，让自己获得成功。其实，这就是能发现趋势的 1% 的人和其他 99% 的人最大的区别了。人在一个领域当中越久，思维就越是固化，越是难以改变。这就如同有不少老人家面对如今越来越甜的水果、越来越大的蔬菜，总是心怀惴惴，不敢购买一样。因为在过去的几十年中，水果的味道、蔬菜的大小，在他们印象中早就成了定式。西瓜比过去的甜，那一定是注射了糖水。蔬菜比以前的大，那一定是用了对人体不健康的药物催生的。世界上哪有那么多一成不变的东西呢？特别是水果、蔬菜这些科研人士一直在关注，一直在努力改进的东西。要是今天我们所看到的、吃到的水果、蔬菜还跟过去几十年一样，那才是真正的奇怪。

　　定式思维对每个人都有很大的限制，有很多人第一次听说某件事情，在脑海中就会本能地出现"不可能"这三个字。

　　定式思维限制了我们对信息的彻底了解，随着技术的进步，随着人与人之间的联系越来越紧密，从不可能变成可能的事情越来越多。我们不能盲目地相信一些事情，但也不能凭着过去的经验和直觉就排除掉所有的可能性。只有去了解、去观察、去体验，才能得出最真实的结果。

趋势的真正面目——规律的秘密

趋势是什么？简单来说，趋势就是规律的一部分，众多趋势彼此联系起来的时候，就形成了规律。在我们思考某件事情未来的发展趋势时，如果能从规律的层面来看，就能看得更加清楚，找到趋势的真正面目。

一切事物都有其发展的根本规律，这种规律并不是一朝一夕才出现的，而是长久以来不断观察、不断分析、不断积累，最终得出的结论。当我们发现了某件事情的发展规律时，就更容易去发现趋势，甚至可以从规律和与某个趋势联系起来的其他事情当中找到更多的趋势。

规律是在指导趋势的，很多趋势都符合某个从很久之前就已经被人们广泛肯定的规律。在我们寻找趋势的时候，如果能找到合适的规律做指导，那么找到合理的趋势就会变得更加容易。如今的计算机硬件仍然遵循着摩尔定律的指导，我们国家各行业的发展规律，我国文化方面的发展，年轻人心态的变化，如果仔细剖析就会发现，它们除了带有一些国家特色之外，其他的与同样经历过这些阶段的美国、日本并无太大区别。总而言之，这种趋势都是可以从其他方面找到规律的，都是有先行者可以做参考的。

想要掌握规律，先要分清规律的真假。规律也有假的吗？当然是有的。因为有些事物并不存在明显的发展过程，而有些是人们只看到了表面，理解的并不是事物本身的规律，而是众口相传的一套怪异理论。就如同所谓的彩票中奖，如果没有人为操纵，完全是随机抽取结果的话，不管怎样努力去总结，也不可能得到一个规律。靠阴线、阳线去分析股票同样如此，股票的价格主要受两种因素的影响，一个是发放股票公司的经营状况，另一个是其他购买股票的人。第一个因素是可以总结出规律的，我们可以通过该公司的近况、该公司的财务报表来分析股价走势。第二种因素则需要我们发挥博弈思维，去思考其他人是否会购买这只股票，大环境的情况如何，进而得出股价会如何发展的结论。通过阴线、阳线、K线图等与股价没有本质关系的东西来分析股价，甚至得出几个阳线股票就会下跌、几个阴线股价就会上涨的所谓"规律"，是没有指导意义的，更无法得知趋势。

我们通过规律可以得知某些事物的发展趋势，但是我们所得知的趋势未必是唯一的趋势，也未必真正能成为暗中"大势所趋"的趋势。在几个趋势同时竞争的时候，即便我们看到了趋势，也有可能选到一个走不远的、毫无意义的趋势。

人们对于视觉的追求同样是存在规律的，越是现实，就越是能够成功，越是能够成为趋势。电视机的出现震惊了当时所有的人，甚至有不少人拒绝相信这是科技发展的产物，认为是有人将某些身材很小的种族装进了箱子里来演戏。随着科技的发展，电视机的尺寸越来越大，彩色电视机的出现，等离子电视的出现，都让人们产生了更高的追求。

既然规律已经出现，那么接下来的趋势就不难预测了，虚拟现实将是整体的潮流，也有不少企业发现了这一趋势，开始研发虚拟现实技术。但是，由于技术的侧重点不同，出现了纯粹虚拟现实的 VR 技术和增强现实的 AR 技术。究竟哪一种才是大势所趋呢？至今也难见分晓。甚至将来突然出现一种技术，超越了 VR 与 AR，也是很有可能的。规律揭示了趋势，但把握趋势却不是那么容易的事情。所以，即便是通过规律看见了趋势，也要慎重。

另外，通过规律能够看到趋势，但是规律和趋势并不一样。规律是更加长远的事情，跨越的时间幅度更大、更广，所以在我们发现趋势的时候，可能是很遥远的趋势，可能是与现在大环境格格不入的趋势，可能是投入大量时间、精力、资源最后却只能为他人作嫁衣的趋势。

还继续说虚拟现实技术，VR 技术与 AR 技术在几年前有过一次大范围的试水，由于成本、造价，以及软件方面内容跟不上等，只掀起了短暂的风潮，没有得到大众的认可。即便是在今天，VR 技术和 AR 技术的运用也没有走进每家每户，没能像当初人们所想的，逐渐普及开来。然而，如今开发 VR 技术和 AR 技术的公司也并非是业内先驱。早在 20 世纪 90 年代，游戏公司任天堂就开发了 VIRTUAL BOY，试图用虚拟现实技术超越竞争对手，打开全新的市场，引领趋势。结果由于技术等方面的限制，这款设备没有得到认可，甚至可以说是连点水花都没有掀起来。

趋势也分远近，不是领先的，就一定是成功的。即便是一片真正的蓝海，如果超前太多，不能得到大众的广泛认可，那只能由后人来称赞你走出的路、做出的贡献，但并不一定能真正获得成功。任正非说过，超前半步是先进，超前三步成先烈。趋势就是这样一个东西，如果你适当地超前，抓住了趋势，抢在别人之前站在风口上，那么就能更容易地起飞，更容易成功。如果走得太远，领先得太多，没等风口到来你就撑不住了，那找到趋势又有什么意义呢？

我们能从规律中发现趋势，但不能完全相信从规律当中找到的趋势。规律当中的趋势实在太多，所涉及的时间太长、空间太广，切不可找到一个趋势就将其当成成功的一端，孤注一掷地朝着另一端冲刺。

高效思考：

拥有快速解决问题的能力

打破现有规则，你也可以建立规则

规则是有其存在的必要性的，任何圈子，任何环境，任何区域，想要有序运转，形成稳定的体系，都离不开规则的存在。那些想要打破的人，必须要有能力建立新的规则。如果不能建立新的规则，那么整个大环境都会陷入混乱，或者自主遵循弱肉强食的自然法则。当然，当我们能够打破现有规则的时候，也就说明我们有能力重新建立规则了。

一个行业的规则往往是由行业中的领头者制定的，这种规则的制定必然能够让行业内部形成规范，让其中的大部分人都能获利。但是获利最多的，绝对是规则的制定者。如果我们在不断前进的时候，已经有能力朝着某个领域、某个区域头部位置进军的时候，始终遵守规则，那我们想取代领头者，可能性就变得微乎其微了。

打破规则，最好的时机是在我们想要超越竞争对手的时候，是我们距离成功并不遥远的时候，是我们仅仅欠缺一点点助力的时候。到了这个时候，我们就应该勇敢打破现有规则，才能超越现有规则的限制，给整个范围带来天翻地覆的改变，建立全新的规则。

苹果公司就是规则的打破者，也就是建立了全新规则的人。为了走到领先的位置上，苹果公司做出了颠覆整个手机行业的改变。先是尽量减少实体按键，扩大屏幕面积。仅仅是这一项改动，就吸引了所有人的眼球。过去也有这样设计的手机机型，但还是以实体按键为主，而苹果的设计则完全不是这样，实体按键只是起到辅助作用，改变了传统手机的操作逻辑。其次，苹果手机真正地将智能手机这个概念推广开了。

苹果手机不是最早出现的智能手机，过去的智能手机主要是有更多的功能，能够执行更多类型的任务，有更多的定制空间。苹果手机的智能虽然在今天看来已经很普通了，但在当时却拥有划时代的意义。从询问用户该怎样做，到主动做出改变让用户更加舒适，就是对传统规则的打破。仅仅是这一项改变，就让用户产生了全新的感觉。

　　苹果公司重新定义了手机，重新建立了行业规则。这也是苹果公司这些年始终处在行业领头羊地位，长盛不衰的根本原因。

　　打破现有规则，并不是一定要像苹果公司那样，做出颠覆式的打破。有些时候，一些小小的改变就能够打破规则，重新建立规则。在人们的印象中，女人所使用的化妆品大多是有香味的。化妆品的广告都是由知名女星来做，以女性美丽的肌肤作为样板，吸引用户来购买产品。这就是既定的规则，就是存在于人们脑海当中的规则。这个规则其实很容易打破，只是很少有人将这种规则打破，并且重新树立全新的规则。

　　如果有一款护肤品、化妆品，是完全没有香味的，在做广告的时候也尽量少地使用女明星，将宣传的重点放在产品本身的效果上，能成功吗？显然是可以的，有一个品牌就在这两点上打破了规则。不使用任何女明星，广告的主角只有产品，并且不含香味。这样的产品马上就受到了一些更在意健康的女性的欢迎，特别是不含香味这一点，不是所有人都喜欢浓郁的香味。不添加香料的护肤品市场远比人们想象的更大。正是因为这个品牌敢于打破规则，建立了属于自己的全新规则，才在竞争当中站住了脚。

想要打破旧有规则，建立全新的规则，最重要的是要改变自己的思维方式。在做任何决定，做任何改变的时候，最重要的不是我们跟别人是否一样，是否走上了一条很少有人走的道路，而是这条路走不走得通，行不行。只要可以，只要是有成功机会的，我们为什么要将自己圈定在规则之内呢？是因为有些东西是约定俗成的，我们就要遵守吗？还是因为打破规则会冒更大的风险呢？其实风险的威慑力远比约定俗成更大，人们更愿意沿着前人走通了的路去走，不愿意冒太大的风险。

其实不管走哪条路，成功都没有那么容易，别把自己圈定在规则之内。在竞争的时候完全遵守别人制定的规则，这无疑是在挑战别人最擅长的事情。在竞争当中获胜，最重要的就是扬长避短，只有打破现有规则，用我们的长处去跟别人竞争，才能在竞争当中获得胜利。

　　打破规则的确能够让我们获得好处，建立规则更是能让我们开拓出一片全新的天地。但是，有些时候打破规则并不是好的选择，有些新规则更不是能建立起来的。遵纪守法，这是生活在现代社会中最基本的规则，是不可打破的，切记规则都要在法律的范围内。但是，法律仅仅是底线，并不是说不违法的事情都是被允许的，都是能被大众接受的。如今，很多人打破规则的方式都是不违法，但违背道德底线的。这种方式固然能够博到眼球，能够引起话题，但是与人们的价值观背道而驰，与社会道德背道而驰。即便是吸引到了大众的注意力，也不会被大众认可，甚至会遭到大众的唾弃。

　　2016 年，一家代大学生洗衣的公司在社交网络上发出了几条信息，表示服务上线几天，都因为种种原因没有订单。被逼无奈，他们只好潜入附近的高校，剪断了公共洗衣机的电线，迫使在校大学生体验他们的服务。这几条信息引起了轩然大波。很多人认为，即便他们的服务足够好，这样以作恶方式打开市场契机的公司都应该被唾弃。随后，该公司又发布了澄清信息，所谓剪断公共洗衣机电线的信息是该公司为了炒作而发布的，实际上他们并没有做这样的事情。他们的澄清并没有扭转舆论的方向，虽然他们没有剪断电线，但是愚弄大众的事却是实实在在地做了。这种宣传方式，不仅打破了现有规则，也突破了大众的道德底线，不能被大众接受。

能够打破规则是强大的表现，能够重新建立规则是成功的表现。但不管是打破规则还是建立规则，都要遵守底线，不能打破底线。

媒体与周围的讯息，正是你的情报根据地

　　想要获得成功，那就必须要了解你所处的环境是什么样的，你所处环境之外的世界又是什么样的。闭门造车绝对不是通往成功的路径。努力必不可少，但要朝着正确的方向去努力才行。而哪里才是正确的目标，这需要通过搜集大量的信息，加以思考和分析，最终才能得出来的答案。虽然现在已经是信息社会，每个人每天都能从移动设备上接收大量的信息，却仍然有信息不对称、有用的信息不多的情况发生，这导致人们时常抱怨自己缺少信息来源。其实，我们每天能够接触到的信息，已经足够指引方向了。我们所能接触到的媒体和我们周围，就已经是最佳的情报根据地。

　　既然我们的情报根据地就在身边，就是我们每天都能接触到的，为什么还会出现信息不对称、信息缺失的情况呢？这是由我们的思考方式造成的。我们在生活当中始终在接触信息，但是这些信息来得十分直接，不需要我们做太多的分析。例如我们去市场买菜，一颗白菜的好坏，只要有经验一眼就可以辨别。白菜的价格也是明码标价，不需要做什么思考。但是，有些人则能通过思考得出不同的结论，例如最先提出"有虫洞的白菜用农药比较少"这个观点的人。这种多思考的方式必然会让我们收获更多的信息，至于这些信息是对是错，则需要用其他方式进行验证。

　　通过上面的例子，你一定找到了一个获得更多信息的方式，那就是多观察。任何事情都不是孤立存在的，即便看起来毫无关系，内部也可能存在着关联。多观察一点儿，多得到一个信息，就能有更多的收获。

　　某地有一个书报亭，由于其地理位置极佳，收入还算不错。有不少人想要盘下这个书报亭，都被书报亭的经营者拒绝了，毕竟对于经营者来说，这个书报亭旱涝保收，持续经营下去远比一次性获得一笔收入要好得多。某天，书报亭突然贴上了出兑的字条。有不少人前去询问价格，书报亭的经营者也没有狮子大开口，最终以一个较低的价格将书报亭出兑了。一段时间以后，新上任的市长表示要整顿市容市貌，城市中报刊亭的数量过多，大部分要被取消，其中就包括那一家。

有人询问书报亭的经营者，他是怎么知道书报亭要被取消的消息的。他给出的回答是，他也不知道确切的消息。不过本地的报纸上有新闻说，市政府换了领导班子，新上任的市长在其他地方工作的时候，就特别在意市容市貌的整顿。他觉得继续经营下去风险很大，于是就果断地将书报亭出兑了。

新市长要对书报亭开刀的信息并不明确，但是书报亭的经营者从报纸上简单的报道就大致分析出书报亭有被取消的风险，这就是仔细观察得到的信息。

周围的环境能带给我们的信息有很多，只要仔细去观察，就能够发现一些事情的征兆、端倪。或是能帮我们获得更多的利益，或是能让我们规避风险。

单独分析一条信息，能够让我们收获其他的信息。那么将不同的信息结合起来看，就能给我们不小的收获。

　　某小区兴建了三年多，入住率一直不高，房价也始终保持在该地平均水平。一天，小区某业主在外出散步的时候，突然发现四周商户的数量明显增多。接着他来到附近经常散步的公园，发现公园中间似乎正在修建什么。走近一看，原来是正在建一家酒店。这位业主将这些信息综合起来看，敏锐地感知到这附近将发生巨大的变化，而且很有可能是政府主持的项目。于是，他回家马上拿出了所有的积蓄，买下了隔壁的房子。没多久，该小区的房价开始上涨，小区的住户们都开始讨论公园中正在兴建的建筑，有消息灵通者说，是一家从政府拿到了补贴的度假酒店。还有人表示自己听说附近的那个公园打算扩建，标准是 4A 级别的景区。短短一年的时间，房价涨幅就达到了 75%。

　　春江水暖鸭先知，我们不是鸭，不能做到第一时间就知道江水变暖的消息。但是，我们通过观察鸭的行为，能比其他人更早知道江水变暖了。最先得到信息的人必然能得到最大的利益，而如果我们能够将信息结合起来分析，即便得到的消息是二手的，也能有所收获，总要比那些最后一批知道的人获得的收益更多。

　　信息的真假决定了信息是否有效,决定了信息能带给我们的是真正的机会还是陷阱。如果我们获得的信息是模棱两可的,是含糊不清的,那么我们就很难冒着风险去做决定。依靠周围的信息和我们每天都接触到的媒体信息,有些时候就能帮助我们看清事情的真相,分清事物的真假。

　　我们常说任何事情都有好坏两面,但实际上一件事情所具有的面要远远超过好坏两面。想要真正看清一件事情,获得正确的信息,是不能只通过这件事情的某一面来下判断的。只有将事情的每一面都看清楚了,才能得出正确的结论,做出正确的决定。我们在接收信息的时候,即便是同一件事情,在不同媒体的报道中,在不同人的口中,都能收获不同的信息。当我们将这些信息结合到一起以后,再进行分析,除去其中不可信的内容,只保留可信的内容,那么我们就能够获得更加可靠的信息。媒体曾经就闹过这样的笑话,某犯罪嫌疑人名字要被保密,所以在报道的时候所有媒体都使用了化名。犯罪嫌疑人的名字是三个字,部分媒体省略了后两个字,部分媒体省略了前两个字,还有部分媒体只隐藏了中间的一个字。只要有人将这些媒体各自给出的部分拼凑起来，马上就能知道这个犯罪嫌疑人的真实姓名了。

　　实际上我们能接收到的信息远比我们想象的更多，比我们想象的更有价值。只要用正确合理的思考方式，日常所接触到的媒体、周围的人，都能成为我们的情报站。

你的现有能力，只是对未来的参考而不是依据

在规划成长道路的时候，我们强调能力的重要性。能力是我们规划未来成长道路最重要的条件之一，但是有一点是要明确的。我们在设想未来的时候，现在的能力只能作为我们对未来的参考，不能作为依据。

什么是参考，就是当我们进行思考时，可以将能力考虑进去，并且对我们的能力进行增值，增值范围包括我们的能力本身和凭借能力可以获得的东西。依据则不同，依据是我们可以确定的东西，将现有能力作为依据，也就肯定了我们的能力在未来必定能保持现有的状态，能力的增值也是我们必然能够获得的。既然我们说，现有的能力只能作为参考而

不是依据，是我们的能力不能持续保持现有的状态吗？

的确，我们不能确定在未来，能力始终能保持在现有的水平。影响能力的因素有很多，有人觉得我们的能力总是在不断增长的，其实我们增长的只是经常使用的那些能力。而其他我们不太使用的能力，会随着时间的推移而逐渐退步。例如，让一个已经参加工作十年的人，去做他当年做过的高中试题，他的分数十有八九超不过自己高中时候的成绩。

我们不能确定在未来能力始终能保持在当前的状态，特别是那些不经常使用的能力，甚至是完全不用的能力。随着时间的推移，这些能力是在退步的。甚至有些能力，在未来会完全消失，根本派不上用场的。

能力的变化让我们只能将其当成对未来的依据，而不是参考。但个人的影响远远比不上环境的影响，大环境的变化甚至能够让一个人过去精通的某项能力完全派不上用场，让一些价值千金的知识大大贬值。

一名计算机系大学生毕业以后自主创业，五年时间他没有做出任何成就，决定找一份工作过安稳的生活。在上学时他的成绩是非常优异的，凭着大学时期打下的基础，找到一

高效思考：
　　拥有快速解决问题的能力

份程序员的工作看似毫无问题。当他看到各大公司对程序员的招聘要求时，马上就傻眼了。招聘要求中提到的编程语言，都是他没有听说过的。他所熟悉的编程语言，在当下已经完全没有公司使用了。于是，他对自己进行了紧急培训才勉强找到了一份工作。能够影响我们能力发挥作用的因素实在是太多了，想要让能力在未来中占有一席之地，发挥作用，甚至成为我们的依据，那就要让我们的能力发生变化。

　　将能力转变成资源是最好的选择，资源的价值虽然也有不确定性，但是相比能力来说要更加可靠。如果我们能够及时地将能力转化成资源，就相当于将手里的货币变成了黄金。虽然黄金的价格也不固定，也会浮动。但相对于必定会因为通货膨胀而贬值的货币，总归是更可靠一些的。不断地积累资源，这些资源就能在我们的未来稳定发挥出作用，也就可以成为未来的依据。

　　与时俱进同样是一种好办法，都说家财万贯不如一技傍身。如果未来发生了什么意外，出现了什么状况，房产、股票、金银珠宝等都可能会失去，只有你的能力别人是抢不走的。只要能力足够强，就有东山再起的机会。为了保持我们的能力在未来仍然能够派上用场，仍然是有作用的、是被需要的能力，就必须让它与时俱进。技术大多有延续性的。很多技术只要改变方式，就能够以全新的面貌在未来发光发热。

过早地将我们的能力放在未来当中，有时候会让我们过度膨胀，看不清现实，缺少危机感。但有些时候，对于自身能力的错误估计会限制我们的发展，将我们束缚在一个狭小的圈子里。

如果我们足够努力，如果我们的能力能够稳步发展，哪怕每天只进步了一点点，未来我们的能力也是远超现在的。如果我们将眼下的能力当成了未来的依据，就很容易出现裹足不前的状况。担心自己的能力不能应对更加艰难的情况，担心我们的能力不足以在舒适圈外寻找更多的机会，甚至担心好高骛远会让我们失去现在的生活条件。

今天的我们总是比昨天要好一点，那么上述的担心都是毫无必要的。这些担心只能压缩我们的成长空间，减缓我们的成长速度，让我们难以离开当前的环境去寻找更适合我们、更加广袤的世界。

高效思考：

拥有快速解决问题的能力

　　能力不能作为我们规划未来时的依据，因为我们的能力是在不断变化的，让我们发挥能力的环境也是在不断变化的。与其将能力作为筹码押在未来，不如好好地把握现在，活在当下。将我们的能力变成更加丰富的资源，来保证我们的未来更加稳定。让我们的能力逐步进化，适应时代，保证不管环境发生怎样的变化，我们都能凭借能力有立足之地。没有人知道未来是什么样的，也没有人知道究竟哪一项能力会在未来发挥最大的作用。某位作家，在国家陷入战乱的时候，靠着一只打火机、充气筒和人交换资源，活了下来，这是他在平时无论如何都不曾想到的。我们也不能轻易放弃自己的任何一种能力，也许其中的某一种就能成为你的那个打火机充气筒。

抢在未来前面，做出你的决定

人们会为什么事情做出决定呢？是已经发生的事情还是尚未发生的事情？结果显而易见，当然是尚未发生的事情。过去的事情早已尘埃落定，不管我们做出怎样的决定也不能改变过去，不能让既定结果发生变化，所以我们做出的决定必然是有关于我们的未来的，必然是对我们的未来有所影响的。那么这个道理就非常简单了，要做出关于未来的决定，必须要在未来到来之前。

这个结论看似是句废话，是个所有人都明白的道理，但偏偏有些人总是在事后才明白，在事情已经无法改变，结果已经无法挽回的时候才后悔自己为什么没有早点做出决定。"明日复明日，明日何其多。我生待明日，万事成蹉跎。"活在当下，

高效思考：
　　拥有快速解决问题的能力

　　在未来到来之前做出决定，才能保证我们的决定是有效的。

　　在未来到来之前做决定是一件很难的事情吗？对于有些人来说一点儿都不难，但对有些人来说则是无法跨越的障碍。这是能力上的问题，是习惯上的问题，更是思考方式的问题。如果想要在未来到来之前做出决定，就必须要改掉拖延的毛病。

　　拖延症是一种非常可怕的问题，轻则降低工作、学习的效率，影响同事、亲人、朋友对我们的评价，重则彻底影响一个人的行为模式、思维习惯，摧毁掉一个人的人生。那么，究竟怎么才能让一个人养成不断拖延的习惯呢？除了那些比较严重的心理问题外，很多普通人习惯拖延的根本原因是"够"和"不够"。

　　拖延症不代表没有计划，更不代表从一开始就打算要拖延的。但是拖延者身上往往有一个问题，那就是将自己最佳的工作状态、最好的工作效率当成一种常态。在工作的时候人们的状态是会有起伏的，不可能总是保持在巅峰，保持在最佳状态。如果按照最佳状态去做计划，那么工作可能要五个小时才能完成。那么，就在距工作结束之前六个小时开始工作就"够"了。到了还有六个小时的时候，又会想只留五个小时就可以，刚刚好。等到五个小时的时候，又觉得只要自己比往常更拼一点儿，可能四个小时就能完成。结果呢，到了工作的时候发现自己根本无法一直保持最佳状态，时间根本就是"不够"的。

当你开始拖延关于未来的决定的时候，已经不在意时间的流逝了。心里总是想着时间还够，总是想着还来得及，总是想着稍微拖延一下不会影响自己的未来。拖着拖着，未来就已经到了，而你还什么决定都没有做。随着人生下一阶段的到来，再做出决定已经没有任何意义了。

有些人习惯被人推着走，如果没有外在力量的影响，就难以主动去思考，难以凭着自己的力量去解决问题。上学是父母交代的任务，考出好的成绩也是因为父母和师长的要求。但到了该自己拿主意的时候，他们就很难表现出像大家心中所认为的一贯的优秀。到了做决定的时候，他们会本能地选择逃避。他们害怕改变，害怕进入新的环境，害怕离开自己的舒适圈，害怕面对未知的未来。

自主思考能力对每个人来说都是非常重要的，人生的答案不具有唯一性，别人的答案未必就适合你。每个人在思考的时

高效思考：
　　拥有快速解决问题的能力

候都很难完全站在别人的角度上，每个人给出的答案都是从自己的角度出发，结合自己的了解做出来的。或许是他们觉得最好的答案，或许是他们觉得最适合你的答案，不管是哪一种，都不应该是你盲目地选择。你只有进行独立思考，自己做出的决定才是最适合你的。

　　过于在意别人的意见，盲目地相信权威，这并不是你对未来做出的决定。到了未来你才会发现，这个决定还是要你自己去做，否则你得不到自己想要的生活。或许在你相信别人的决定时没有发现这一点，但随着时间的推移，你早晚会意识到这个问题。到了那个时候，即便你开始自己做决定了，但你浪费了这些年的时间，还要推翻你之前取得的大部分成就。

　　珍惜独立思考的机会，珍惜能够寻求自我的时间与条件。在这个世界上，有很多人没有机会去想自己的未来究竟应该是什么样子。现实逼迫他们不得不马上做出决定，即便这个决定完全不适合自己，不是自己想要的。不要在有时间去思考、有条件去思考的情况下，让别人为自己做决定，等跨过了人生的几个阶段以后才突然醒悟，重新去追寻自我，这样做是浪费生命。

辑八　跨界成长

—— 8小时之外的思考变现

~~~~~~~~~~~~~~~~~~~~~~~~~~~~~~~~~~~~~~~

　　每个人都想要更好的生活，每个人都想要超越他人获得更大的成长空间。演员在跨界，企业在跨界，可见，如果我们想要往高处走一走，跨界是不错的选择之一。

请思考：半死不活的现状是你想要的吗？

随着丧文化的流行，越来越多的年轻人开始用行尸走肉、半死不活来形容自己的生活状态。有人觉得是丧文化影响了现在的年轻人，让他们失去了上进心，失去了向前冲的勇气。事实真的如此吗？任何一种文化能够流行起来，都是有其事实基础的，都是有其现实原因的。缺少基础，单凭几句话、一些毒鸡汤，就能影响众人的思想，这种想法太天真了。与其说是丧文化影响了年轻人，不如说现代年轻人的生活状态催生了丧文化。

其实不仅是年轻人，很多人都处于半死不活的状态。这里的"半死不活"不仅指是身体上的半死不活、精神上的半死不活，更是用来形容一种不上不下的状态。你是否处在了不上不下的状态呢？是否觉得自己努努力就能向上走一步，但稍微松懈就可能彻底滑下去呢？如果是的话，请思考一下，半死不活的现状，是不是你想要的。

"人生不只有眼前的苟且，还有诗和远方。"这句话在一定范围内引起了很多人的认同，但这句话却不适合所有的人。有的人没有那么多的责任，他们只需要照顾好自己的心情，照顾好自己的状态，所以他们可以向往诗和远方。但是有些人不仅有生存的压力，还要肩负来自家庭和社会的责任，不管多么向往诗和远方，他们也要先估计到眼前的苟且。

那么，如何才能摆脱半死不活、不上不下的状态呢？这需要根据我们的需求和状态进行调整。不是一直朝前冲就能获得更好的成绩的，也不是随遇而安命运就能将你指引到胜利的彼岸的。只有按照自己的状态去调整，规划好自己的目标，才能摆脱半死不活的状态。

如果我们状态不佳，即便是努力也无法向前一步，那么不妨暂且后退，到一个安全稳定的地方去。退一步海阔天空，适当的后退有些时候是为了更好地前进，偃旗息鼓是为了养精蓄锐。当我们恢复了精力以后，再卷土重来，走得比之前更远。

与其不上不下，不如暂且修整，让自己回到最好的状态，再进行冲刺。临渊羡鱼，不如退而结网。站在水边看着鱼，是永远得不到鱼的。如果能够后退几步，离开湖边去编织一张渔网，再回到湖边的时候就是得到鱼的时候。

当然，如果能够前进，谁又愿意后退呢？后退只是为了摆脱半死不活、不上不下的状态，以保证自己在日后能以更加良好的状态向前冲刺。如果我们距离成功只差临门一脚，那么后退就不是我们最好的选择，就不是我们应该思考的事情。

如果我们和成功的距离只有一点点，那么就要思考一下还有什么资源是可以用的，还有什么是能够帮助我们的，或者我们还需要做到什么才能继续向前一步。如果找不到，即便是透支一点儿明天、甚至透支一点儿未来，也要让自己达到向前一步的目的。

或许有人觉得透支的代价可能是太大了，即便能够向前一步，也是得不偿失的。其实我们在衡量自己透支了什么的价值时，不应该以现在的标准去衡量，而是要以自己向上走了一步以后的标准去衡量。

例如，某人想要购买一辆汽车来搞运输，结果还差20000元。如果他贷款购买汽车，到时候算上利息要偿还24000元。目前他的收入是每月3000元，不吃不喝也要偿还8个月。仅仅是利息，节衣缩食也要偿还2个月。但如果他购买了汽车，从事运输业以后，每个月的收入能达到6000元，那么不吃不喝的话，只要4个月就能还清所有的债务，利息只需要节衣缩食1个月就可以还清。如果他放弃了借款购买汽车，不吃不喝也要7个月才能攒够钱，那么就浪费了从事运输业3个月的额外收入。也就是说，总收入比借款购买汽车要少了（6000-3000）×3，也就是9000元。

量变引起质变，在我们有了一定量的积累，距离质变只有一线之隔的时候，这一线所需要的资源不妨用透支的方式来获得，尽快促成质变，这才是获得收益最多的方式。但如果我们量的积累还不够，或者说质变并不能为我们带来足够的收益时，透支对自己带来的伤害就是极其巨大的。

有不少传销公司就利用了人们急于达成质变的心理，不断地劝说从业人员购买产品，获得更高的会员等级，这样在销售产品时就能获得更高的收益。但是，这些传销的公司却从来不说如果无法将产品销售出去，自己购买产品会出现怎样的情况。结果有不少人上了传销公司的当，囤积了大量的商品。会员等级提升了，多年的积蓄和人情被透支了，却仍然没有收益。

我们在能确定自己距离质变并不远，并且质变有明显收益的时候再选择透支。否则只能让自己陷入更深的泥潭，遭遇更加尴尬的困境。

没人想处在半死不活的状态，每个人都想要更好的生活，都想要在深处的领域当中向上多走一步。你只有看清了自己的状态，知道自己是该后退一步养精蓄锐，还是应该为了向上一步透支资源，才能够摆脱不上不下的尴尬状态，让生活更加轻松惬意。

你需要握住"斜杠"，才能够"引体向上"

引体向上被誉为"上肢运动之王"，想要健身的人想必对引体向上并不陌生。即便不健身的人，也应该在体育课上接受过引体向上的测试。相比过去在单杠上进行引体向上，如今的健身爱好者们有了更加便利的途径、更好的健身器材，那就是斜杠单杠。相比传统的单杠，斜杠单杠更容易发力，更符合人体工学结构，也就能起到更好的锻炼效果。那么，斜杠、引体向上，与我们的思考方式有怎样的关系呢？

其实，斜杠是有着许多含义的。那些拥有众多才艺的人，拥有更多副业的人，他们在现代被赋予了新的称呼，那就是"斜杠青年"。"斜杠青年"们并不是因为他们有丰厚的收入、

高效思考：
　　拥有快速解决问题的能力

令人羡慕的工作才成为"斜杠青年"的，正相反，是他们先成为"斜杠青年"，才拥有了丰厚的收入，才拥有了令人羡慕的工作。可见，握住"斜杠"，能够让你走到更高的地方去，真正地做到"引体向上"。有人觉得，精通某一项技能，远比什么都会一点儿更有价值。真的是这样吗？

　　这种说法的确是有一定道理的，因为我们每个人的时间与精力都是有限的，即便我们将所有的时间与精力都投入到同一件事情上，也会难以避开衣、食、住、行等日常生活小事。本身就已经觉得时间不够用了，哪里还能分配到其他地方去呢？如果你仔细思考，就会发现自己有长时间去做某项工作的时候，但次数不多，频率不高。专心于这件事情之外的时间不在少数。特别是在工作之外，如果没有被要求加班，你又有多少时间放在了与工作相关的事情上呢？这与我们的主观意志息息相关，更与客观条件脱不开干系。

　　人的注意力能否持续集中在一件事情上，是由这件事情能否不断地给予新的刺激所决定的。如果在我们工作的 8 小时里，工作并不能给予我们足够的刺激，那么在工作时间里就会不断地走神，我们就需要用各种各样的手段来刺激神经，让精神重新集中到工作上。工作是我们的任务，在工作时间里我们要拼命地完成任务。在工作结束以后，自由支配的8个小时里，没有任何刺激性的工作是不会让我们打起精神，将注意力集中在这件事情上的。即便我们强迫自己去集中精神，强迫自己再面对同样的问题8个小时，也不会收到太大的成效。但如果我们能够将这8小时放到别的地方，则可能为我们带来很大的收获。

我们想要提高自己，不妨成为一个"斜杠青年"。将工作之外的8个小时运用到其他地方，多学习一些技能，多熟悉一些领域。这样做不仅能够放松我们的神经，开拓我们的视野，丰富我们的技能，还对我们在事业领域的提高有不小的帮助。

学习本身也是一项技能，甚至可以说其重要程度远超其他技能。如果我们长久地不学习新的东西、不接触新的东西，我们的学习能力就会逐渐退化。在我们变得不擅长学习新东西的时候，那么我们的工作环境发生变化、工种发生变化、面对对象发生变化时，有可能会让我们变得根本无法适应新的东西。如果我们的学习能力跟不上工作中种种因素的变化，那么面临的将会是直接被淘汰。

　　在我们有了更多能力的时候，在工作上也能更进一步。虽然我们选择在工作之外做的事情跟我们的工作并无直接联系，但事物的规律总是相似的，只要我们专心去做一件事情，就很容易从中狄得启发。尤·奈斯博是挪威史上最畅销的作家，他的犯罪小说在整个欧洲都有着非常巨大的影响力，数部作品都被改编成了电影，说他是挪威国宝级别的人物都毫不为过。他在小说界的成就令人钦佩，但他早年在音乐界同样取得了巨大的成就。他年轻时候组建的乐队是挪威最成功的摇滚乐队之一，专辑大卖，演唱会的门票总是在顷刻间售罄。在他成为音乐界的明星之前，他还是一名出色的金融分析师。在他成为金融分析师之前，他是挪威足球甲级联赛球队的一名球员，在受伤之前差点成为热刺队的一名球员……

　　尤·奈斯博涉足过众多领域，并且在每个领域当中都取得了超出常人的成绩。合理地运用时间，掌握更多的技能，会让你变得越来越聪明，越来越擅长学习，能力越来越突出。

　　做一个"斜杠青年"，拥有更多的能力与才艺，还能让你在转型的时候拥有更多的选择机会。都说"树挪死，人挪活"，当你对现状不满的时候，换个环境也许就能找到一条全新的出路。然而，不管做出怎样的选择与改变，适应新环境都是需要一定条件的。贸然闯入自己一无所知的领域，想要生存下来可就太难了。如果能够进入自己有一定了解的领域，自己有一定积累的领域，在新环境站稳脚跟就变得相对容易，甚至很快就能做出一定的成绩来。

某视频网站的知名硬件主播跨界就很成功，他在跨界之前从事的是与计算机完全不相干的行业。他原本是一名调酒师，在不少酒吧做过管理人员，在几家颇有名气的院校做过调酒方面的教师，还在各大调酒比赛中做过评委。他在转行做硬件装机直播的时候，并非是该领域的知名人士，但他凭着自己对这一领域的喜爱和多年的积累，在跨界以后同样获得了成功。

工作之外的时间，不是一定要做与工作相关的事情才能有所提高。只要用心去做一件事情，日积月累总会对我们有所帮助。当这些才艺、爱好逐渐增多，我们成为"斜杠青年"，做"引体向上"，实现自我提升，就变得更加容易了。

认清自己的优势，才能够校准转型的方向

现代人要比过去的人更有冒险精神。对于老一辈人来说，年轻人频繁跳槽是一种不踏实的表现。但是跳槽还远远说不上是不踏实，跳槽不过是更换一个工作环境，重新结识工作伙伴，而转型是要比跳槽更有冒险精神的做法。转型意味着离开自己过去谋生的领域，进入一个全新的领域，从头开始。转型成功了，就能在新领域当中找到全新的生存方式。转型失败，可能连之前立足的地方都没有了。虽然转型很刺激，让人很兴奋，但转型的风险同样巨大。为了把转型的风险降到最低，必须要看准转型的方向。

能够决定我们转型方向的是什么呢？其中最重要的一点

就是我们自身的优势在哪里。这种优势完全取决于在这个过程当中我们得到了什么。有些时候，得到的东西是你本人都无法想象的，是你本人都没有料到的优势。

那么，我们要如何发现自己的优势在哪里呢？为了明确这个问题，我们不妨先做一项测试，问问自己都会什么。每个人都有自己的特长，都有自己超过普通人的天赋。即便我们没有找到这种天赋，我们也应该有个多年以来不断累积的兴趣爱好。列出这些东西不是为了总结你的喜好，而是要明确你到底对什么东西有了解，相对于别人你更熟悉什么。

当你列出了自己熟悉的东西以后，还要将你对它们的熟悉程度进行排序。你越是熟悉的东西，在你转型的时候就越是容易上手，越是有机会转型成功。当然，你所拥有的才艺，你所熟悉的领域，也是要分成几个级别的。不同的级别决定了你转型成功的可能性，决定了如果选择这个领域进行转型究竟有多大的风险。

简单来说，将你熟悉的领域分成三个级别是比较合理的。第一个级别是最基础的，是每个人只要花费少许时间就能达到的程度。如果你的某项能力处在这个级别，那就不要考虑

　　朝着这个领域转型了。在这个领域你只有最基础的认识，即便是转型，也难以成功。

　　第二个级别是超越了普通人花费少许时间就能到达，但距离以此为生的专业人士还差一点的。如果你的某项能力达到了这个级别，那么在茶余饭后与人聊天的时候，每当有人谈论这个话题，你势必会成为话题的焦点。你的说法能够让人信服，能够让在场的非专业人士侧耳倾听。如果你的某项能力达到了这个级别，朝着这个方向去转型，是有机会成功的。但是，可能要花费一定的时间去加深认识，对自己再进行深入培训。

　　第三个级别是你在这个领域当中的能力已经不逊色于那些以此为生的专业人士了，当你的能力达到这个级别的时候，就有很大的概率转型成功。你与专业人士的区别就是如何去建立渠道，如何将这份能力变现。相信只要运气不太差，这一步是一定能够跨过去的。

　　我们在某一领域的能力，对某一领域的熟悉程度是我们能否成功转型的主要依据，但不是唯一依据。除了我们的能力外，还要考虑领域的问题。市场是最好的风向标，如果这个领域变现较慢，或者说只有少部分人能够变现，这样的领域显然并不适合我们转型。一般那些能更快变现的领域，才是我们转型的目标。

需要注意的是，一个领域当中有许多个行业，思维要开放，不要看到某个领域当中的某一行业只有少部分人变现了就觉得整个领域都不合适。如果我们在音乐方面有天赋、有兴趣，想要朝着这个方面转型，那我们未必要成为一个音乐家，成为一个歌星，或者是成为一个知名制作人。有明星梦的人很多，想成为艺术家的人也很多，真正能成功、能变现的人却少之又少。但是，开个艺术类的培训班，开一家销售乐器的店铺，却是可能的。不管将来选择一条怎样的路，至少在转型时的决定要非常稳妥、可靠。

想要转型，除了我们主观条件上的准备外，客观因素的影响也是非常重要的。想要从事某一行业，想要朝着某个方向进行转型的时候，成本是要计算在内的。不同的领域成本是不一样的，有些领域当中最重要的成本是技术，有些领域当中最重要的成本是生产工具和原料，还有些领域最重要的成本是人力。如果你有足够的技术，或者你能组建一个拥有技术人才的团队，那么技术成本自然是难不倒你的。但如果你没有技术型人才，自己也不具备这样的能力，即便你有充足的资金，有足够的人力，也没办法顺利完成转型。

　　客观条件会制约主观条件，但如果我们在某些客观条件上格外优秀，那么以客观条件作为我们转型的基础也是完全可行的。有强大的主观，有出色的客观条件，两者相结合，转型的成功是可以预见的。

知行合一：如何将跨界思考落地

"知行合一"是心学大家王阳明提出的理论，认为人只有将自己理解到的知识应用在自己的行为上，才能真正地将事情做好。不管心学在哲学上有哪些不合理的地方，至少"知行合一"是指导人们做事的一种有效思想。我们想要做好跨界、转型，仅仅做到"知道"是远远不够的，只有"知行合一"才能够真正地做好。

"纸上得来终觉浅，绝知此事要躬行。"不管懂得多少道理，最终还是要将知道的事情落到实处才能彻底解决问题。那么，将跨界思考方式真正落地，就是我们接下来要做的事情。

高效思考：

拥有快速解决问题的能力

　　将跨界思考落地，第一步就是要对情况做一个完善的评估。这个评估包含了多方面的内容，弄清楚我们个人拥有什么能力，是最重要的。在之前我们已经提到过，一个人所拥有的资源可以分成两部分，一部分是个人主观的资源，另一部分是客观上的资源。主观资源就是我们拥有怎样的能力，你的能力决定了你的发展前景。其他东西都可能在一段时间内发生较大的变故，只有你的能力不会。如果能够对自己进行一个完善的评估，那么将跨界思考落地时得出的结论将更加稳定。

　　很多人在做自我评估的时候会忽略两项特别重要的能力，一项是后天能够改善的能力，另一项则是与生俱来的天赋。后天能够改善的能力就是学习能力了，学习能力是各种能力中最重要的。特别是在跨界的时候，即便你的起点低于竞争对手，但出色的学习能力能让你得到快速提高。都说万事开头难，如果你有强大的学习能力，开头反而是你进步最快的时候，真正让你的脚步放慢的是中期的积累阶段。到了积累阶段，其实你距该领域中早你一步的竞争对手已经不远了。可见，学习能力是多么重要。

与生俱来的天赋指的是人的精力，每个人拥有的精力都不相同，但是人们往往将这种差异归于个人意志，认为只要你的意志坚定，只要你足够努力，就能够做更多的工作。这种想法是非常荒谬的，人的遗传基因基本决定了你的精力有多少。后天做运动和其他能够促进新陈代谢的做法的确能够提升精力，但和那些天赋异禀的人相比，仍然是远远不够的。如果你是个精力过剩的人，如果你能够每天工作 16 个小时，即便是有些时间段你的工作效率会降低，但你仍然能够取得比其他人更多的成果。

某位时尚品牌的创始人就天赋异禀，精力过人。她每天只吃一餐，在这一餐当中大量进食，以保证一天的消耗。她每天只需要睡 4 个钟头，其他的时间都能够高强度地工作，不分日夜。她的助理远远不及她那些工作量，不管多年轻，也没办法配合她的工作强度。所以她每次外出，至少要配两个助理工作才能满足需求。正是因为她过人的天赋，她有更多的时间、更多的精力去做工作，这就是她能击败众多竞争对手的诀窍。

客观因素的评估相对主观因素来说就容易了许多，客观因素包括我们可以动用的资源、人脉关系，以及原材料、销售、信息等各方面的渠道。这些都是客观存在的，甚至是可以量化的。所以，想要知道这些条件是否充足，并不是什么困难的事情。

当我们做好了评估以后，就可以开始制订计划了。想要让任何一种思想落地，都要有计划。没有计划，必然会导致混乱。即便是当前情况十分混乱，有很多不能确定的事情，也要做好计划。那些解决不了的问题，难以预料的情况，就要做好后备方案。一旦出现问题，就马上救火。计划能够让我们的思想落地时井井有条，减少风险，是转型成功必不可少的环节。

在做好了所有准备以后，我们就可以让想法落地，开始"知行合一"了。在具体的"行"这个环节上，有两个关键词要注意，第一个是"执行力"，第二个是"随机应变"。

执行力是知行合一必备的。缺少执行力，不管思想有多么正确、合理也是毫无意义的。执行是思想现实化的保证，没有执行力，思想永远是思想。执行一定要到位，有些时候，如执行不够到位，细节不够完善，很有可能出现"差之毫厘，谬以千里"的情况。只有强大的执行力才能保证细节，才能让计划全面地变成现实。

随机应变是另外一种让思想落地所要具备的能力。任何计划都不是完美的，不可能顾及所有的东西。如果将计划比喻成一栋房屋的设计图，执行力是将房屋从设计图变成现实的过程，而随机应变就是在出现了一些设计图里并不存在的偏差时应对的办法。

在出现了计划之外的事情时，就需要用到我们的后备计划。当后备计划也不奏效的时候，就需要我们利用后备资源和随机应变来解决问题了。

随机应变与执行力是不冲突的，当一切在我们的计划之中时，执行力就是我们最好的伙伴。一旦有东西超出我们的计划范围，不管是好是坏，随机应变才是最好的选择。当情况发生变化，计划已经没有意义的时候，还拘泥于执行计划的每个细节，那计划就不是我们行动的指导，而是束缚我们的镣铐。

辑九　逆境思维

——遭遇困境时，转换一下思维方式

没有人能够随随便便取得成功，也没有人能够在追逐成功的道路上一帆风顺。当我们遇到逆境、遇到困境的时候，不妨转换一下思维方式，利用我们的头脑打出漂亮的反击战。

成败皆有另一面，关键在于你怎么看

　　都说失败是成功之母，即便是失败了，也距离成功更近了一点儿。那么成功是什么呢？成功就是绝对好事吗？成功到底能带给我们什么呢？这是个非常值得思考的问题。其实成功与失败都不是绝对的，关键在于你怎么去看成功和失败，你怎么去看待成功与失败的关系。

　　人人都想要成功，成功就意味着我们之前做的努力没有白费，我们的耕耘有了收获。但是这样的成功能否一直保持下去呢？这样的成功能否复制呢？这样的成功从长远的角度来看能为我们带来什么呢？

　　在人们获得成功以后最需要思考的不应该是如何保持成

——遭遇困境时，转换一下思维方式

功，而是如何获得下一次的成功。"萧规曹随"几乎成为人们的共识，好的事情不需要去改变，只要保持下去，就能够一直好下去，一直成功下去。或许在古代慢节奏的社会中是这样的，但在人们思想飞速变化、科技飞速变化、大环境飞速变化的今天，再好的东西不去改变，成功是不会长久的。只有不断改变，不断地朝着好的方向改变，才能够取得一次又一次的成功。那些有过销售经历的人更能明白这一点，当你拿下一个订单的时候，当你获得一次成功的时候，仅仅维护与当前客户的关系是远远不够的。你需要马上考虑如何搞定下一个客户、下一笔订单，获得下一次成功。成功的背面有些时候是怠惰，是傲慢，是不愿意改变。

有些时候，成功是一个陷阱的诱饵。当你获得成功的时候，当你想要继续以同样的方式、既定的步伐继续成功的时候，陷阱就在前方等着你一脚踏入。田忌赛马的故事众所周知，齐威王在第一场赛马获胜的时候，绝对不会想到自己已经掉进了陷阱，接下来的两场比赛他已经没了胜算。有不少想要在事业上做出成绩的人都曾掉进过这样的陷阱，将昙花一现的热度当成是自己天才的成功，在热度消退之前投入大量的资源扩大经营，在热度消退以后一败涂地。越是爆发式的成功，就越需要冷静的头脑，越需要让自己变得更好，越需要让人们的注意力还在你身上之前开始你的改变。只有这样的成功才能长存，也只有这样的成功才不会让你一脚踩空，掉进陷阱。

成功总是好的，但想要好上加好，想要将这份好保持下去，认真思考是必不可少的。失败是不好的，没有人喜欢失败。无可否认，失败的确是对成功有帮助的，是对成功有指导意义的。列夫·托尔斯泰曾说过："幸福的家庭千篇一律，而不幸的家庭却各有各的不幸。"其实成功也是如此，那些成功的人能够成功的原因有很多相似点，但是失败者失败的原因却多种多样。即便如此，失败仍然对我们有着巨大的指导意义。不管有多少个错误答案，排除一个对我们来说是距离成功更近了一步。所以，在失败以后不要灰心丧气，不要沮丧，第一时间去思考才是最好的。

那么，思考失败能为我们带来什么好处呢？毫无疑问，最大的好处就是帮我们找到计划当中的疏漏。有些失败是坏运气作祟，但将每次失败都归咎于运气，也不是一个想要成功的人在失败面前应该交出的答案。每一次失败都能让你的计划完善一点儿，每一次失败都能让你学到更多的东西。如果一个人总是在同一个地方失败，却从来不曾改变过自己的做法，那就说明这个人根本没有思考过自己为什么会失败。

思考失败能让我们更清楚地认识自己。错误地估计自己的实力是大多数失败发生的根本原因，你可能没有自己想象的那样优秀，你可能真的不如你的竞争对手。失败能够让你知道自己的缺陷在哪里，给你一个自我提高的机会。

一些影响较小的失败可以为我们敲响警钟。失败不能完全归咎于运气。大多数的失败都是有原因的，是必然会发生的，甚至可以说现在才失败已经是好运气的表现了。飞机涡轮机的发明者帕布斯·海恩提出一种理论：每一起被人们重视的事故背后，必然有 29 次轻微事故、300 多次没有成型的事故先兆以及 1000 起事故隐患。失败同样如此，一旦出现了问题，我们就应该知道，在这背后已经有不少能够威胁到我们计划顺利进行的因素在滋生了。

失败是磨炼心态的好机会，没有遭遇过失败的人，自然更有锐气，更有冲劲。但是经历过失败的人更能承受压力，更能面对挫折，更不怕打击。如果一个人在通往目标的道路上一直顺风顺水，在马上就要抵达目标的时候遭遇一次大的失败，那他势必会手足无措，心态大受影响，可能要好长一段时间才能回到正轨。当然，也有可能心态崩溃，一败涂地，再也没有回到正轨上。那些经历过数次失败的人，一路披荆斩棘、历尽艰辛的人，在最后要抵达目标的时候，即便是喷着火的恶龙出现在他面前，他也不会失去斗志，也不会退缩。他只会从自己过去的失败中寻找解决问题的办法，直到取得最后的胜利。

　　成功与失败并不是一体两面的，不必美化失败，将失败说成是一件好事。成功就是成功，失败就是失败。但是，不管是成功还是失败，都需要进行思考。成功的时候要思考如何不要失败，如何让自己赢得下一次的成功。而失败的时候自然是要思考如何规避下一次失败，让自己走到成功的那一队人里去。

困境中倒过来想，也许会有新的答案

　　这个世界上有很多美好的童话，为人们创造了完美而梦幻的世界。可惜现实远远不如童话美好，人人都会遭遇困境。如果我们遭遇了困境，苦苦寻找仍然没有一个结果，那不妨运用一下逆向思维，或许就能找到新的方案。

　　有人可能会认为，那么多的正向思维也没能摆脱困境，凭什么逆向思维就能够有答案。正向思维未必就是正确的，如果正向思维一定是正确的，那些一直正向思维的人是怎么走进困境里去的呢？错误的正向思维将人们送入了困境，想要依靠正向思维再走出来，听起来好像不那么可靠，为什么不能试试逆向思维呢？

高效思考：
拥有快速解决问题的能力

　　其实，在生活当中早就有很多逆向思维解决困境的例子了。某自助餐厅一直有顾客浪费餐品的现象发生，于是餐厅贴出了公告：如果有顾客浪费餐品，餐厅将对顾客进行罚款。公告并没有起到什么效果，浪费餐品的现象仍然屡禁不止。后来，餐厅将公告改成：如果有顾客浪费餐品，餐厅会将浪费的餐品称重，由顾客买下。此则公告一出，浪费的现象马上就减少了。餐厅发现惩罚浪费的顾客效果并不好，不惩罚效果反而好了一些，于是推出了第三则公告：如果顾客没有浪费任何餐品，那么餐厅将给顾客发放5元代金券作为奖励。从那以后，浪费餐品的现象杜绝了，并且拿到代金券的顾客会再次光顾，餐厅不仅减少损失，收入还提高了。

　　这就是逆向思维的典型例子，有些时候你以为的办法未必能够解决问题，但如果你反方向去思考，反而能够起到想不到的效果。

　　当我们遇到困境的时候，最常想的是我们得到什么才能解决当前的困境。如果将这种方法调转180度，变成我们要给别人什么东西才能解决当前的困境，这样别人才更愿意给我们帮助，才更愿意接受我们的意见，帮我们脱离困境。

　　某公司一直有一项促销活动，客户每购买五件产品就赠送一件，有不少客户都是因为这项促销活动才反复购买的。后来，由于原材料成本和人力成本的提高，产品的成本也随之提高。如果继续延续之前的买五件赠一件的促销方式，公司将面临支出与收入持平的情况。公司决定将买五赠一改成买六赠一，结果许多老客户都不买账，表示以后再也不会使用他们的产品了。显然，客户已经将买五件赠一件当中的一件当成是交易的一部分了。优惠幅度降低这本是正常现象，但客户却觉得自己遭受了损失，无法接受这种改变。

　　该公司此时就陷入了困境，如果按照过去的促销方式经营，那么公司将变成慈善机构，收益甚微。如果改变促销方式，公司将失去大量的老客户，短时间内是无法承受这种损失的。在该公司做了大量的成本核算以后，推出了新的促销计划，买十赠三。这一促销方案虽然增加了产品成本，却极大降低了人力成本。不管公司选择减少业务人员的数量还是让空闲出来的业务人员开拓新的市场，都会让公司的收益增加。客户也十分满意这项改动，毕竟他们花跟以前一样多的钱，买到了更多的产品。想要摆脱困境，未必一定要做加法，有些时候做做减法反而会起到更好的效果，这就是逆向思维在解决困境时的应用。

　　在遭遇困境的时候逆向思维是很好用的，因为我们是用正常的思维走入困境的，想要依靠正常思维走出去就不那么容易了。这就如同在纸上走迷宫一般，有一种最简单的走法就是从迷宫的终点开始走。逆向思维也是这样，与其从头去想究竟是在哪个岔路口出了问题，不如从自己到底想要一个怎样的结果去想。

　　有人要做好事，就应该鼓励；有人要做坏事，就应该斥责，这是人们的固定思维，即便这些事情还没有发生，但在防患于未然的过程中就已经确立好了态度。面对尚未发生的事情就先摆明态度，这显然是没有必要的。只要能够达到让人们做好事，避免人们做坏事的目的，使用怎样的方式并不重要。就如同激将法一样，想要让一个有能力的人去做事，偏偏要将他说得一无是处，这同样是逆向思维的使用。

面临困境的时候，常规思维方式不起作用的时候，不妨试试逆向思维解决问题。从结果去找办法，以解决燃眉之急。

改变缺点，变"无用"为"可利用"

人无完人，每个人身上都有缺点，有些缺点能够改变，有些缺点则会伴随我们一生。有些缺点可能一生都不会对你造成太大的影响，不会对你的生活造成阻碍，甚至到最后变成了一个特点，变成了你周围人都知道的标志性特点。有些缺点却不能忽视，不仅影响我们的生活，甚至会变成我们通向成功道路上的阻碍。

那些会成为阻碍的缺点，如果能改掉当然是最好的。如果无法改掉呢？如果是深植于我们性格之中的呢？那么我们只能换一种思考方式，换一种角度去看，将没有用、甚至是致命的缺点变成可以利用的。

缺点究竟是不是缺点，是由谁来决定的呢？决定一个特性是缺点还是优点的时候，起决定性作用的不是我们自己，而是我们所处的环境和我们身边的人。可能某个人指出的你身上存在的缺点，在其他人眼里反而是优点。有些时候，是优点还是缺点是环境所决定的，是你要做的事情所决定的。如果在当下环境中，你觉得自己处处是缺点，不妨想想是你自己有问题，还是你来到了错误的、根本就不适合你的环境。

例如，某公司新进了一位销售人员，几个月的时间一点业绩都没有。领导觉得他做事一板一眼，不懂变通，口才也不算出色，作为一名销售人员来说缺点可太多了。于是，领导将他调离了销售的岗位，让他负责公司的仓库管理。他稳定的性格让他耐得住无聊和寂寞，不懂变通也变成了恪守规则。由他管理公司的仓库，没有人能钻空子，没有人能耍花招。

有些缺点并不算是缺点，只能算是特点。如果能找到需要用这些特点的地方，那么缺点就能够变成优点。还有些时候，一个特点因为其不同的程度会在缺点和优点之间不断转化，通过量变的改变产生质变。当你的某个特点被人当成是缺点的时候，不妨想想，是不是这个特点太过出格、太过极端，才被人当成是缺点的。如果我们能够将缺点逆用，不断降低其极端性，那么缺点就可能变成优点。

　　如果要用一个词来形容一个做事横冲直撞的人，"鲁莽"一词是非常恰当的。如果要用一个词来形容一个做事不畏艰险、一往无前的人，那么用"勇敢"一词才更加合适。鲁莽与勇敢，就是一个特点在不同程度下的两面。如果你的缺点是鲁莽，那么不妨朝着反方向后退一点，变得细心一些，将鲁莽变成勇敢。用一个词来形容一个人做事的时候考虑十分全面，一步一个脚印，人们往往会用"谨慎"一词。但是，过度谨慎就变成了优柔寡断、畏首畏尾。如果你有这样的缺点，同样可以利用逆向移动的方式，将你的缺点变成优点，把不好的特质变成可以利用的特质。

　　任何东西都有自身的缺点。但是，当这些东西与其他东西结合起来的时候，就能展现出自己的长处，变得美好起来。牛油果是一种非常奇特的水果，如果单独去吃，很少有人能够接受牛油果的味道。但是，当牛油果与其他食物结合起来的时候，整体的味道就变得美妙起来。不管是做菜还是饮品，牛油果都有其不可替代的地位。

相比牛油果，柠檬是一种人们接触更多、使用更多的水果。网络上有段时间流行拍摄直接吃柠檬的挑战，从视频拍摄者的表情就知道柠檬在单独食用时是多么令人难以接受。但是，柠檬当中含有大量的谷氨酸，做菜的时候加一点柠檬汁，不仅能为菜品增添清新的酸味，还能起到提鲜的作用。将柠檬榨成柠檬汁就更加常见了，柠檬汁、纯净水，搭配上一些蜂蜜或者砂糖，制作简单，口味清新，广受人们的欢迎。

很多缺点在遇到互补的伙伴时，就不再是缺点了。很多单独来看没有任何价值的东西，遇见了另外一件东西以后就变得非常有用。人同样如此，某一个人或许难以发挥其价值，但他与其他人组成团队以后，就从没用变得有用了。团队的意义就在于此，每个人都有不同的缺点，每个人都有自己的缺点。但是，在团队当中，你的缺点有人帮你补足，你的问题有人帮你解决。这个时候，你就能心无旁骛地发挥自己的能力，让自己变成一个优点大于缺点的人，从一个没用的人变成一个有价值的人。

同理心转换：如果我是对手，我怎么办

同理心，也被称为"共感"，是指与他人进行心理上的换位，感受对方的感受。绝大多数人都是有同理心的，在看见别人快乐的时候，心情也会好起来；在看到别人痛苦难过的时候，也会本能地感到不舒服。正是这种共感，让人类能够建立道德标准，能够分辨是非、善恶、好坏。当然，也有少部分人缺少同理心，缺少共感能力，这部分人被称为"反社会人格"。

我们作为有同理心的大多数，自然是有感受其他人感受的能力的。人是受理性与感性共同支配的，情感也是左右行为的强大力量。如果我们能够更好地感受对手的感觉，做好换位思考，那么就能够大致推断出对手接下来的动向。

当然，想要通过同理心转换，通过换位思考得知你的对手在想什么，也不是那么简单的事情。有一些条件是必须具备的，有一些方法是必须要使用的。只有满足了一定的条件，才能让我们的同理心转换得以实现。否则，同理心转换得到的结果和自己的幻想没有太大的区别。

在进行同理心转换的时候，最需要满足的条件就是对对方有基本的了解。所谓"知己知彼，百战不殆"，想要战胜对手，前提就是了解对手。在进行同理心转换的时候，想要推测出对手会怎么做，那就必须要知道对手的思考模式和行动模式。每个人都有自己特有的习惯，特别是思考上的习惯和行为上的习惯。如果不系统地观察，很难总结出像生活规律那样清晰的模式。但如果有足够的样本进行分析，我们就容易得知对手能够承担多少压力，喜欢先发制人还是后发制人，喜欢循规蹈矩还是剑走偏锋。如果我们能够知道这些消息，那么在进行同理心转换的时候就更加容易模拟出对手在什么时候、什么情况下会做出怎样的选择。

同理心转换需要与博弈思考共同使用，我们努力去了解对手，通过同理心转换站在对手的位置上来思考接下来的做法。那我们的对手呢？是否会用同样的方式来了解我们的思考方式，我们的行为模式呢？如果对手针对我们的思考方式和行为，以及思考到了我们在进行同理心转换，那我们又该用怎样的方式去应对呢？

　　可能有不少人会想着将计就计，既然对手同样进行了同理心转换，自以为知道了我们的思考方式和行为模式，那么我们不妨针对对方打算做的事情做出行动。实际上这样会让我们的思想掉进一个套娃模式。即便博弈思想就是两名棋手在对弈，看谁算出的步数更多，但是人的思想和行动远比下棋的路数要复杂得多。如果我们总是要算对手走了多少步，对手是不是已经算到了我们要走哪一步，那么彼此针对，互相套嵌，是没有尽头和结果的。如果我们担心对手也用同理心转换来思考我们的行为模式，那么我们只需要改变自己的行为模式就行。即便是习惯，在刻意地注意下，也是可以改变的。更何况，我们还可以从其他地方寻求帮助，按照自己的计划和别人的步伐来达成我们想要的结果。

　　不管我们有多了解对手，有多确定对手接下来的行动，也不能将计划做得太过于精细。并非是因为什么"做人留一线，日后好相见"，而是因为越是细致、越是复杂的计划，在对抗的时候越是容易因为一些细节上的问题导致全面失败。在《三国演义》中，诸葛亮被描述成智慧的化身，"多智近妖"是书中对诸葛亮最贴切的描述。即便如此，在火烧上方谷的时候，也因为忽略了天气因素，司马父子逃过一劫。所有的计划都是建立在诸葛亮足够了解司马懿的基础上进行的，也针对司马懿接下来的思考方式和行为模式做了对策。但一点点计划之外的变故，就彻底让计划失败了。

所以，我们在做计划的时候要尽量简约，通用型的对策远比针对性的对策来得重要。根据奥卡姆剃刀理论，在没有充分必要性的前提下，越是增加一件事情的环节与步骤，就越是难以成功。越是简单的计划，往往就越是容易实现。因此，即便我们要进行同理心转换，在制订计划的时候也不要将计划复杂化，不要以为通过同理心转化就已经了解了对手的一举一动，可以针对到对手的每一个细节了。

我们在进行同理心转换的时候，在分析对手的行为模式和思考方式的时候，想要达到怎样的目的呢？其实不管怎样转换，只要我们的对手没有出现较大的失误，我们本身不存在压倒性的优势，就很难做出将对手一次击垮的计划。因此，我们在进行同理心转换的时候，最重要的不是找到将对手击败的办法，而是找到自己不被对手击败的办法。虽然我们没能在竞争中获得全面胜利，但至少不会在竞争中惨败。获胜，最终还是要由双方的实力所决定。

　　那么，在我们进行同理心转换的时候，对手下一步要做什么并不是最值得我们关注的。相反，对手做过了什么，对手现在在做什么才是最重要的。我们不需要通过分析来明确对手接下来要怎么做，而是要通过分析来弄清楚我们的对手之前和现在为什么要这么做。同理心转换能够有效地通过对对手过去行为的分析得到结论，保证我们不落入对手的陷阱中。

　　同理心转换更大的作用是在我们与对手谈判的时候。谈判与谈合作不同，谈合作我们可以在保证双方利益的情况下做适当的退让，一旦得出结果，那么势必对我们双方都是有好处的。谈判则不同，与我们的对手谈判，如果我们退让一分，对手就会前进一分。我们失去了多少，对手就会获得多少。此消彼长，导致谈判桌上的双方寸土必争，寸步不让。进行同理心转换，寻求和谐解决问题的办法，求同存异，最后达成双赢，这才是谈判的真正目标。

　　同理心转换，只是尽可能地通过共感来猜测对手的想法、对手的做法。不管我们有多聪明，有多么强大的同理心，对对手是多么的了解，最终也逃不过"猜测"这两个字。猜测就是猜测，要将猜测当成我们成功的法门，当成我们给对手致命一击的法宝，不管从哪个角度来看都是远远不够的。如果有人说他能够通过共感，通过同理心完全猜到别人在想什么，那他只可能是个占卜师，是个能预测未来的先知。同理心转换有用，但拥有的不是一锤定音的作用。慎重使用同理心转换，将同理心转换和其他办法组合使用，才能起到最好的效果。

借助别人的"绵薄之力"，实施你的逆境反击

有一则故事是这样的。

父亲为了给儿子创造一个玩耍的地方，在院子里挖了一个大沙坑。沙坑刚刚挖好，还不算彻底竣工，因为里面还有很多对于5岁儿子来说有些大的的石块。为了让沙坑尽快完工，父亲将儿子带到沙坑前，告诉儿子，只要他能凭借自己的力量将沙坑里所有的石头都搬出去，以后就可以在这里玩了。儿子用稚嫩的小手一块又一块地搬动着大石头，搬了两三块以后，终于没了力气。儿子一屁股坐在沙坑里，沮丧地哭了起来。父亲等儿子哭了一阵后，问儿子：你真的使用了你所有的力量吗？儿子一边抽泣一边回答父亲，是的，他已

经全力以赴了，他用完了自己所有的力量。接着，父亲搬起一块又一块石头，沙坑里很快就不见了石头的踪影。接着，父亲告诉儿子，他并没有用上所有的力量。只要是他能够支配的，即便是别人的力量，也可以看成是自己的。

这个故事虽然从各种意义上来说都很老，但仍然有极大的指导意义。不管什么时候我们都要记得，人不是独立活在这个世界上的。保守估计，一个人的一生至少可以认识几百乃至上千人。即便是那些比较冷淡的人，也会有几个好友和亲人。每个人都有自己的特长，都有自己的能力，都有自己的信息网、关系网。如果能够活用这些东西，我们的力量将会得到极大的增长。

当我们陷入困境的时候，第一时间想的必然是如何凭借自己的力量，用最简单的方式、最小的代价来解决问题。但如果凭借我们个人的力量并不能解决问题的时候，就需要借助他人的力量。如果因为面子死撑，不管情况如何都偏要自己去解决，那结果只能朝着你最不想看见的方向发展。用最简单的话来描述这种情况，就是失败在大多数情况下比借助别人的力量更糟糕。如果你求助于他人，那么只有少数人会

高效思考：
　　拥有快速解决问题的能力

知道你的能力不足，你需要帮助才能渡过难关。而如果你失败了，那所有人就都知道你的能力有问题了。所以，在考虑如何借助别人的力量渡过逆境的时候，先要明白借助别人的力量绝对不是最糟糕的结果。

　　既然要借助别人的力量，那就要有求人帮忙的样子。很多人碍于身份、地位，又或者是其他方面的因素，在求助他人的时候仍然要追求面子、排场，结果可想而知。某位知名励志作家曾讲述过这样一个故事，一位富商由于经营不善，陷入了困境。万般无奈之下，只好求助于自己的朋友和合作伙伴。于是，他在家设下宴席，想要在酒桌上谈谈寻求帮助的事情。虽然经济状况已经很差了，他还是花了大价钱来筹备酒宴。山珍海味，名酒陈酿，一切都跟过去一样。为了节约开支，家里已经没有佣人了，于是他请来了妻子娘家的亲戚来假扮成佣人。

　　朋友与合作伙伴很给面子，即便他深陷困境仍然愿意来他家捧场。酒宴上觥筹交错，宾主尽欢，直到最后主人才扭扭捏捏地将求助的话说了出来。结果，没有几个人愿意帮助他，其中一位在离开的时候还满面笑容地说："从今晚的宴席来看，你还是挺好的，不太需要我们的帮助吧。"宴席散了以后，只有那位作家留下来开导他。

作家说："既然你早就打算要求助了，为什么不摆出求助的样子呢？大家对于今天宴席的主题心知肚明，能来就已经做好帮助你的打算了。但是，你处处要排场，处处讲面子，根本没有看清自己的处境。在这种情况下，谁还敢帮助你呢？"这位朋友想了想，又重新举办了一次普通的酒宴，将那天到场的人重新找来，态度恳切地向朋友们求助，果然大家都愿意帮助他。这位朋友很快就走出了困境，找回了往日的光彩。

有两句话对于那些想要寻求他人帮助的人是很重要的提醒，那就是："隔行如隔山""天下没有白吃的午餐"。当我们陷入困境，想要借助别人的"绵薄之力"时，不妨重新审视一下这两句话。我们所寻求的"绵薄之力"真的绵薄吗？真就是的没有任何成本的"举手之劳"吗？又或者只是你以为的"绵薄之力"，你认为的"举手之劳"呢？在你看来很简单的事情，在真正去做这件事的人身上可能就不那么简单。还有些时候你所要求别人提供的帮助，是对方赖以为生的东西。退一步说帮助你可能花不了太多的力气，也没有太高的成本，但是为什么要帮助你呢？帮了你一次会不会还有第二次呢？如果第一次是看着过去的情分，那么第二次又凭什么呢？天下没有白吃的午餐，再好的关系如果没有足够的利益做支撑，也会分崩离析。

真的想要借助别人的力量来帮助自己渡过难关，那就必须要给这份力量相应的回报。且不说别人，即便是使用自己的力量，这份力量也不是凭空得来的。你的力气要消耗食物做支撑，你的知识是多年以来的积累，你的智慧是通过大量的学习获得的。正是因为你过去付出过努力，所以你才有资格去使用这些力量。如果你想要得到他人的帮助，想要借助他人的"绵薄之力"，那就要保证在过去、现在或者未来给予对方相应的回报。

辑十　极简思维

——回归简单，正确运用逻辑之外的神奇力量

～～～～～～～～～～～～～～～～～～～～

　　如果我们将我们所认识的东西称之为"可以被科学解释的东西"，那么我们没能彻底认识的不妨称之为"在未来可以被科学解释的东西"。总之，让我们了解一下那些存在于逻辑之外的神奇力量吧。

有时问题很简单，是你想得太复杂

《菜根谭》中有这样一句话："机动的，弓影疑为蛇蝎，寝石视为伏虎，此中浑是杀气；念息的，石虎可作海鸥，蛙声可当鼓吹，触处俱见真机。"

意思就是说，在善用心机的人眼中，杯子里的弓影会看作蛇蝎，草丛里的卧石会当作猛虎，仿佛周围随时都潜藏着危险的杀机；而心气平和的人眼中，凶恶的石虎好似温驯的海鸥，嘈杂的蛙鸣犹如和谐悦耳的音乐，四周随处可见生命的真谛。

思维会影响我们对世界的认知。很多时候，摆在我们眼前的问题其实很简单，但想得多了，却反而将问题变得复杂化了。

就像擅长解答难题的人，往往容易在简单的问题上出错。归根结底，就是因为他们习惯将问题想得太复杂，以至于在面对简单的问题时，反而不敢轻易下结论，生怕一不小心就落入陷阱，丢掉分数。殊不知，简单的问题是真的简单，想得深入，反而才是错误的开始。

迪士尼乐园的修建即将进入尾声，但路径设计的方案一直不能让总设计师格罗培斯感到满意。为了设计出完美的路线，格罗培斯绞尽脑汁，设计了多个方案，但总能发现不尽如人意的地方。

一天，格罗培斯在开车经过一处葡萄园的时候，发现那里有许多顾客，比其他卖葡萄的地方生意要好得多。格罗培斯觉得很好奇，便去打听了一下。原来这是一个无人看管的葡萄园，顾客只需要支付5块钱，就能自己进入园中采摘一篮葡萄。虽然这个价格并不比其他售卖葡萄的摊子便宜多少，但因为可以自由选择，所以赢得了众多顾客的青睐。

这件事让格罗培斯深受启发，他的脑海中顿时出现了一个绝妙的主意。回到迪士尼乐园之后，他立即叫停了道路的修建，并在空地上撒下许多草种。很快，这些空地就变成了绿草如茵的草坪。

　　迪士尼乐园开放之后，人们蜂拥而至。半年后，园中的空地上已经被游园的人们踩出了许多宽宽窄窄的小径，于是，格罗培斯便让人按照这些小径来铺设道路。就这样，迪士尼乐园里的完美路径方案成功出炉！后来，这一路径设计被评为"世界最佳设计"。

　　什么样的路径设计才是完美的呢？如果你要用你所学的种种知识或理论去分析，那么这无疑是一个极其庞大而复杂的问题，你需要考虑方方面面的问题，然后一遍遍地将不够完美的地方挑出来，推翻再重建……这几乎是一项不可能完成的任务，毕竟再好的方案，也总会有不买账的人。

　　格罗培斯在面对这个问题的时候，选择了一个最简单也最理想的方案，那就是让人们"自由选择"自己心中的最佳路径。瞧，一个难题就这样以如此简单的方式解开了，得到了"最完美"的答案。毕竟，有什么比让人们自己选择更能让他们满意呢？

　　很多时候，我们所面临的问题其实并不复杂，只是我们人为地将它复杂化了。我们总是希望把一切都考虑周到，对每一个细节都进行无数遍的推敲和修正，但实际上，这样做往往只会将简单的问题复杂化，浪费不必要的时间、精力以及资源。

爱因斯坦曾说过："直觉式思维是神圣的天赋，理性思维是忠实的仆人。但我们在现实中往往本末倒置。"

直觉式思维可以说是简单思维的极致，它摒弃了一切的分析与逻辑，直接从问题就能得到答案。在大多数人看来，这种思维方式是极其"不靠谱"且不负责的，但不得不说，在某些时候，这种简单粗暴的直觉式思维，确实能帮我们解决一些复杂而艰难的问题。

苹果公司的创始人史蒂夫·乔布斯就是极简思维的"拥护者"。李开复曾评价他说："乔布斯是绝对的独裁者，但是除非你有他的天才，否则千万不可向他学习。乔布斯违背了几乎所有管理手册中的教条。这些手册原本一直告诉我们：管理者应该真诚、体贴、谦虚、放权、在乎员工的感受和用户的需求……"

很显然，以上所说的那些管理者"应该具备"的东西，乔布斯一样也没有。曾经有一次，他在接受采访时这样说道："我们并不是为任何人而开发 Mac 的，事实上，我们只是在为自己开发。它的优劣全由我们的团队自行判断，我们也绝不会去做什么市场调研。我们只是在尽自己所能地去开发出最优秀的产品。"

这就是乔布斯与其他商业精英们最大的不同，他独裁、特立独行，不遵循任何所谓的"管理原则"或"商业技巧"。他的想法和目的都极为简单和直接，他也完全不接受别人对他的指手画脚。

乔布斯的极简思维同时也体现在他的工作中，自从回归苹果之后，他一口气将苹果原本的十几个产品线直接砍成了四个。在其他公司绞尽脑汁地想着如何通过产品线增加为人们提供更多的东西时，他却始终秉承着只为消费者提供友好、素净产品的原则行事。而事实证明，无论是极简的外形设计，还是简单直接的操作方式，都成为苹果公司产品的重要优势，备受消费者青睐。

世界可以很复杂，但也可以很简单，关键在于我们是否能够冲破思维的禁锢，透过现象看本质，抓住一切复杂表象背后最简单的"关键点"。

老子说："大道至简。"最深奥的道理往往也是最简明的。在当今社会紧凑快速的生活节奏中，无论做任何事情，化繁为简都是极为重要的原则。将问题简单化，找出关键点，再复杂的问题也能迎刃而解。

为什么你会感知危险——浅析直觉和预感

直觉和预感听上去似乎很玄妙，但它又是真实存在的。在生活中，很多人都有过这样的体会：做题时说不出所以然，但能凭借直觉选择到正确的答案；晾晒衣服时随手一抓，就能抓到数量正好的衣架；感觉背后似乎有人在看自己，猛然回头，发现果真有人在看自己……

除了这些生活中奇妙的小事件之外，在即将发生某些危险之前，有的人似乎也能有所预感。比如亲近的人即将去世之前，很多人心中都会产生一些微妙的感觉；还有危险即将到来之时，有的人会莫名感觉心绪不宁、忐忑不安等。

曾经看过一档访谈节目，其中一期邀请的嘉宾是一位沉寂了30年突然攻破数学界一大难题，从而一举成名的数学家。在访谈过程中，当主持人问到这位数学家，到底是如何在30年间，将那道在数学界赫赫有名的殿堂级难题攻破的时候，数学家想了想，回答道："如果没有这30年的积累和钻研，那么我是绝对不可能做到的。如果非要我说清楚是如何解出这道题，或者如何找到解题思路的，那大概只有两个字——直觉。"

数学家的回答有些玄妙，但要是仔细想一想，却似乎也是顺理成章的。在现实生活中，我们在做很多事情的时候，其实或多或少都会有"直觉"的参与，甚至在一些悬而未决的事情上，我们往往会选择遵循自己的直觉去做出选择。即使是在一些需要高理性、高逻辑的工作领域，也常有直觉的参与，比如警察侦办案件、科学家进行猜测性实验的证实等，其中的很多环节都是凭直觉做出的反应。

在现实生活中，确实存在一些直觉和预感特别准的人，他们在做很多事情，尤其是需要进行选择的事情时，往往不需要经过复杂的逻辑推理和分析，就能凭借直觉迅速找出正确答案。这种直觉和预感也被人们称为"第六感"。

高效思考：
拥有快速解决问题的能力

一般来说，女性的第六感要比男性更强。比如很多女性，总能在毫无证据的情况之下，就凭借第六感预感知恋人可能存在出轨行为，更神奇的是，这种预感的准确率非常高。

看到这里，很多人可能会觉得，直觉和预感大概是人的一种"天赋"，是某些特定人群才拥有的"神奇能力"。但实际上，直觉和预感的产生并没有我们所想的那么玄妙，从本质上来说，它其实更类似于一种更为细致的观察能力与思考能力的综合体。

软银集团董事长兼总裁孙正义，相信大家并不陌生。而提起这位总裁，认识他的人最深刻的印象莫过于他的"神奇直觉"。

据说有一次，一位员工将一份非常复杂的报表交给孙正义，结果，孙正义只拿起来看了一眼，就将报表又递还了回去，并且告诉这位员工："数据出错了。"员工赶紧接过报表，拿回去检查了好几个小时，才找到出错的地方。

类似这样的事情在软银集团的总裁办公室发生过不止一次，认识孙正义的人都觉得，他可能存在某种"神奇的直觉"，可以在极短的时间内从一堆复杂的数据中把存在的问题找出来。那么，这种"神奇的直觉"真的是某种天赋才能吗？

答案当然是否定的。事实上，孙正义的这一"特殊能力"并非是与生俱来的，而是经过刻苦训练后的结果。在《孙正义的超常工作法》一书中，就提到了他的一个思维习惯。据说孙正义有每天早晨看报纸的习惯，每每阅读到有关某公司决算的报道时，他都会先在脑海中对该公司的销售额和所得利润进行一番预测，而这些环节基本上都是在他的脑子里完成的，久而久之，就形成了一种十分敏锐且快速的思维模式。

可以说，孙正义的"神奇能力"与"精准直觉"实际上更多源自快速精准的思维和极其丰富的经验。

换言之，我们可以做出这样一种推测：人们在多次重复处理某些相类似的事件时，大脑会自动记录和建立一定的思维模式，并在这个过程中自动高度简化某些分析过程，之后再遇到类似的事件或问题时，便能直接产生答案——直觉就是这样形成的。

有心理学家曾做过这样一项实验：他们召集了一些志愿者，让他们观看一段视频，视频内容主要是日常生活中发生的一些小事件。在视频播放一段时间之后，研究人员会突然中断视频的播放，然后让这些志愿者凭借自己的直觉来预测接下来会发生什么事。研究人员要求，志愿者们必须立刻做出回答，不能有太多思考的时间。

　　结果显示：当研究人员在某一事件即将发生时中断视频，志愿者们对接下来即将出现的情况的预测，准确率高达90%；而当研究人员在一个事件正在发生的过程中中断视频，志愿者们预测的准确率会降至80%。

　　故而，心理学家认为，每一位志愿者实际上都有预测未来的一种直觉，但如果这个过程中出现一些错误的暗示，那么将会严重影响直觉的准确性。而直觉的预测实际上正是源于我们的潜意识。

　　可见，神奇的直觉和预感，并不像我们所想的那般玄妙。虽然至今我们依旧还不能完全参透它，但它的产生却绝对是有迹可循的。与其说它是某种神秘的"超能力"，倒不如说它是一种厉害的洞察力，是需要经过长期的训练与思考才能产生的一种特殊能力。

神奇！好的直觉其实并没有逻辑

　　在很多时候，人们准备做一件事之前，通常都会产生一些或好或坏的预感，这其实就是一种直觉。大多理性的人对直觉通常采取无视的态度，因为在他们看来，直觉就是不理性的无用之物，根本不能用来做判断或参考的依据。但也有的不少人对自己的直觉是非常看重的，尤其是在处理一些无法通过逻辑分析得出结论的问题时，人们往往会凭直觉来下结论。

　　有趣的是，在某些时候，人的直觉确实是非常准的，尤其是在逻辑失去效用的时候，直觉往往会带给我们意想不到的惊喜。

高效思考:
拥有快速解决问题的能力

著名的化学家查尔斯·固特异是个直觉能力特别强的人。有一次,他在实验室里做实验,结果一不留神把原本准备用于其他实验的橡胶掉到了硫磺上。这样一来,事情完全乱了套,忙了半天的实验也因此被迫中断。

固特异非常郁闷,一边嘀嘀咕咕地发着牢骚,一边认命地清理沾上硫磺的橡胶,试图挽救一下这个好不容易弄出来的实验材料。由于硫磺已经渗橡胶内部,根本无法清理干净,固特异只得无奈地放弃了,随手把橡胶丢到了一边。

因为天气寒冷,实验室里一直燃着炉火,而火炉的位置恰好就在固特异随手放置橡胶的桌旁。固特异也没有注意这些,只是沮丧地整理着实验室,叹息着:"今天算是白忙一场了!"

在整理桌面的时候,固特异无意中摸到了他随手放置的橡胶,顿时心中一动,产生了一种极为奇特的感觉。固特异赶紧将橡胶拿了起来,他发现,刚才那一瞬间的感觉果然不是错觉,这块橡胶居然展现出了前所未有的优异弹性。

虽然此时的他还不曾意识到这究竟意味着什么,但强大的直觉让固特异觉得,此种性能的橡胶具有极其重大的意义。

于是，他平复下激动的心情，用手将橡胶拉长，结果发现，这块橡胶的弹性远比想象中还要好，怎么用力都拉不断。

就这样，一种前所未有的"硫化橡胶"在固特异的误打误撞之下诞生了，固特异也凭借着这一伟大的发明获得了"橡胶之父"的美誉。

"硫化橡胶"的出现可以说是一系列的意外加巧合共同作用下的产物，无论是刚开始时误打误撞地将橡胶掉到硫磺上，还是之后一系列充满巧合的操作，实际上都是完全没有逻辑根据的。固特异误打误撞所做的这些事情，仿佛更像是一种源自本能的驱使，或许也可以称之为"直觉"。

虽然直觉的产生似乎并没有逻辑可言，但它也并不是没有条理的凭空武断。事实上，人的直觉就是人的一种本能反应和潜意识的体现。通常而言，我们的大脑所收集到的信息，实际上要比我们所意识到的多。很多信息大脑在经过筛选和处理之后，可能并未传达到意识层面，但我们的潜意识却会记录下这些信息。

于是，很多时候，在我们的理智尚未做出判断之前，我们的潜意识实际上就已经根据种种线索给出预警。这就是为什么我们常常会在某些时刻突然就摸不着头脑地产生一些微妙的感觉，比如直觉地喜欢或讨厌初次见面的人，或直觉地对某件看似完全合理的事产生怀疑等。

通常来说，比起直觉的判断，人们往往更相信逻辑。因为直觉是一种个人的主观感觉，且目前来说并没有任何可靠的科学依据，而逻辑却是人们能清晰明确看到的，有明确的前因后果，故而更令人信服。但很多时候，我们总会不可避免地遇到一些逻辑解决不了的问题，在这个时候，自然也就只能依靠直觉了。

其实，虽然我们无法将通过直觉做出判断的过程分解为一个个逻辑推理的步骤，但直觉的产生实际上也是有迹可循的。

事实上，直觉与灵感有些相似，它们的产生都是以人的学识和经验为基础的。因此，同一个人在不同情况下的直觉敏感度也有很大区别。直觉的判断除了依据当下大脑所接收到的信息之外，还融合了人们以往的学识和经验，包括学习的、工作的以及生活的。这些知识与经验融合在一起之后，再结合当下所接收到的信息，所得出的结论才是直觉的最终成果。

比如当我们第一次见到某个人的时候，可能立即就能大致判断出他是南方人还是北方人，这种直觉看似产生的毫无道理，但如果细细分析，就会发现，对方身上必然存在着某些可以用来推断的"线索"，或者我们的记忆中可能留存着以往某些与之相关的经验。

目前来说，虽然并没有任何明确的科学证据可以支持直觉的存在。但很多时候，直觉的预判并非是空穴来风。在现实生活中，想必很多人都有过类似的经历：某天突然感觉心神不宁，总觉得要发生点什么，结果真的发生了倒霉的事；看着某个表现得完全无懈可击的人，心中却总是觉得有些违和感，结果最后发现，这个人确实是个虚伪的人渣……

直觉的产生很多时候虽然并不符合逻辑，但它也不是完全不可信的。事实上，那些能够取得成功的人，往往都具备超凡的直觉，并且这种直觉还常常帮助他们在最危险的关头做出正确的选择。

更何况，趋利避害是所有动物都存在的本能，在自然界中，每当要发生什么大灾难之前，通常都能看到许多动物的行动出现异常。在预知危险方面，人虽然不如动物敏锐，但这种天性中的本能依旧是存在的。所以，在遇到逻辑无法解决的事情时，不妨试着相信一下直觉。

虽然至今还没有所谓的科学证据来证明直觉的存在，但这并不意味着直觉就一定是"反科学"的产物。毕竟世界这么大，科学的领域这么广博，今天我们不曾认知到的未知世界，到了明天或许就能揭开神秘的面纱呢。再者，对于未知的东西，即使一时之间还证实不了它的存在，也不必急着去否定，毕竟我们同样也无法笃定地否定它的真实。

所以，倒不如好好将这种充满不确定性的力量利用起来，当你拥有敏锐的直觉时，他可以帮你在很多关键时候做出正确的选择。

灵感的运转——成功有时就是这么简单

国际创造学界流传着这样一句话："智力比知识更重要，素质比智力更重要，觉悟比素质更重要。"而所谓觉悟，实际上也就是我们常说的灵感。灵感思维是人类大脑中的第一创新思维，它所能带给我们的价值是无法估量的，因此，灵感思维又被称作是人类大脑的"第一金矿"。

相信很多人在现实生活中都曾有过这样的体会：在做某件事时感到很困惑，不管怎么努力，都找不到令人满意的答案。但突然在某一时刻，脑子里灵光一闪——最完美的答案出现了！

这就是灵感光顾时的感觉，它往往只会在某一个时间点出现，如同闪电掠过天际一般，却能帮助我们穿过迷雾，激发出新的想法、概念、形象、思路、发现。它虽然不是一个长期性的思维过程，但它往往是我们走向成功最重要的一个环节。正如美国创意顾问集团主席汤姆森所说的："灵感是最具决定性的创造力量。"

在某个天朗气清的日子，奥地利著名作曲家约翰·施特劳斯在一处风景优美的地方休息，忽然之间，脑海中灵感闪现，他赶紧脱下衬衫，用笔在衬衫上记录下一首乐曲，这首乐曲就是后来举世闻名的《蓝色多瑙河》圆舞曲。著名的波兰作曲家、钢琴家肖邦是位非常擅长从生活中获取灵感的艺术家。有一次，他的猫爬上钢琴，在琴键上跳来跳去，猫爪踩出的轻快音符让肖邦顿时迸发出了灵感的火花，由此创作出了《F大调圆舞曲》的后半部分，故而这首曲子还有一个有趣的别称，叫"猫的圆舞曲"。

灵感就是这样妙不可言，却又毫无逻辑的东西，它总是突然闯入你的脑海，在你脑中塞入令人震惊的绝世佳作，但若是你苦苦追寻，却又无论如何都觅不到它的踪迹。

虽然说灵感具有极强的不确定性，但它的产生也并非就完全是无迹可寻的。著名的心理学家朱光潜认为："灵感是在潜意识中酝酿而成的情思猛然涌现于意识。"著名科学家钱学森也曾说过："灵感实际上是潜思维，它无非是潜思维在意识中的表现。"而那些令人仰望的天才们，说到底，其实就是比普通人更加善于捕捉灵感的大师。

那么，有没有什么办法可以帮助我们更好地激发灵感，培养灵感思维呢？

第一，灵感需要经过长期酝酿，才能厚积薄发。

人们对灵感常常有一种错误的认知，以为灵感是一种完全突发或偶然产生的思维。但实际上，任何一个因灵感爆发而一举成名的故事背后，都存在着一个漫长而辛劳的积累过程。没有一个人是在完全没有付出和积累的情况下就能迸发出灵感的。

灵感的产生看似充满随机性，但实际上，它需要经过长期的探索和思考，没有长期的积累，就不可能迸发出耀眼的灵感。换言之，灵感思维的产生，是以长期的思考与辛劳为基础的，没有巨大的劳动积累，就不可能产生灵感。就如俄国著名的作曲家柴可夫斯基所说的："灵感是这样一位客人，他不爱拜访懒惰者。"

　　所以，别指望自己不努力就能等到灵感从天而降。要想得到灵感的光顾，你就必须先让自己的思维活跃起来，多读、多想、多看，待你的学识和思考累积到某个程度的时候，灵感才会猝不及防地闯入你的脑海，给你带来意想不到的惊喜。

　　第二，兴趣与知识是激发灵感的必要条件。

　　兴趣是最好的老师，因为兴趣能够促使人们自发地去学习和钻研，当一个人对某一领域的研究有兴趣时，他就会自然而然地去学习与该领域相关的知识，思考与该领域相关的问题，从而累积起丰富的知识与经验。而这也是我们激发灵感的基本条件之一。

　　著名科学家巴斯德说过："灵感只偏爱那些有准备的头脑。"所以，如果想要激发灵感，那么我们首先就要对某个问题抱有浓厚的兴趣，并投入所有的精力与时间去钻研和思索，只有当我们对这个问题相关的一切了解得足够多，才能通过量变引起质变，从而激发灵感的产生。

　　罗马不是一天建成的，同理，灵感也并非是突然就出现的。

第三，环境与时间相配合能更有效地激发灵感。

许多事例证明，灵感往往产生于大脑功能处于最佳状态的时期。从许多曾受到过灵感女神光顾的科学家和艺术家的故事中可以看到，灵感出现在他们脑海中的时候，他们往往正在从事一些轻松愉悦的活动，比如散步、赏花、下棋、看戏、谈心、体育运动，甚至是睡觉。可见，人们所处的环境与时间，以及人们当下的状态，都与灵感的激发有着千丝万缕的关系。

那么，究竟什么样的环境和时间能够更有效地激发灵感呢？

先说环境。有人曾做过一项调查，发现有三大场所是最容易刺激人们产生灵感的地方，即床上、步行途中、在车或船等交通工具上。这三个地方都有一个共同特征，那就是极易让人精神放松。而这种时候，人的思想往往也处于一种迷迷糊糊的状态。在这样的情况之下，是最容易激发灵感的。

再说时间。灵感最容易产生于半梦半醒、似睡非睡之际，所以灵感最容易激发的时间通常在睡觉刚醒来、进入梦乡之后，以及深夜还未入睡时，这几个时间被认为是激发灵感的"黄金时间"。而在正常的工作或学习时间内，灵感最容易出现的时间则通常是在上午 10：00—11：00。

第四，灵感思维是需要培养和锻炼的。

灵感不是什么玄而又玄的东西，它是大脑的一种思维活动，它的产生也是基于人们大脑中所储存的信息与经验。所以，人们脑海中产生的灵感，往往都是与自己所擅长的领域有关的内容，而不会是与自己的知识经验积累毫无关系的东西。比如音乐家的灵感可能是一首动听的乐曲，但绝不可能是某个高深的科学理论。这就意味着，灵感思维是可以通过一定的方法进行培养和锻炼的。

首先，要养成努力学习、勤于思考的习惯。当大脑中的知识累积到一定程度，并通过长时间的思考和钻研之后，灵感才会被激发出来。

其次，要懂得劳逸结合，放松身心，并配合冥想来激发灵感。此前说过，灵感最容易产生于精神放松之际，过度的紧张和疲劳反而可能会阻滞大脑的思维，压抑灵感的产生。所以，一定要懂得劳逸结合，避免让身体和心理过度疲劳。而冥想则能够帮助我们有效抚平杂乱的思绪，保持心境的平和，进入激发灵感的理想状态。

　　最后，要养成做笔记的习惯。灵感总是稍纵即逝的，一不留神就可能错失机遇。所以，一定要养成做笔记的习惯，以便能够在灵感来临时及时将它记下来。否则，一旦错过灵感的光顾，也就只能追悔莫及了。

相信但不迷信，不要忽略直觉的局限性

虽然说直觉的产生并非是毫无根据的空穴来风，但影响直觉的因素其实有很多，比如人的心态。所以，我们应该重视直觉做出的判断，却不能事事都凭借直觉去判断解决，毕竟直觉实在是非常难以掌控。所以，对于直觉，我们在肯定其作用的同时，也应该认识到它的局限性，做到相信而不迷信。

人的心态对直觉的影响是非常明显的，比如一个人，如果长期处于一种焦虑、压抑、消极的心态下，那么不论做任何事，即便占据的优势再多，这个人也会时常生出大量消极的直觉。这种情况下所产生的直觉，很显然就是受到了心态的影响。在这种情况之下，如果这个人迷信直觉的判断，那么这种消极的状态必然会直接影响到他的行动和决策，进而影响到他的人生与命运。

而人生在世，总会不可避免地遇到许多不如意的事，当我们用不同的心态去面对这些事情的时候，就会产生截然不同的"直觉"。比如心态消极的人在遇到困难时，便会不由自主地想一些消极的事情，如此一来，必然会让自己的心情变得更加沮丧，从而陷入自我否定与自我怀疑之中，认为自己一定会失败，从而产生消极的直觉；而心态积极的人在遇到挫折时，能及时调整心态，给自己更多的鼓励与自信，如此一来，自然就会生出积极的直觉，认为自己一定能成功。

可见，直觉并非在任何时候都是可靠的，而我们也根本无法判断，在某一时刻产生的直觉，究竟是对未来的预判，还是受心态的影响。

古时候，一位书生进京赶考，投宿在了一家旅店。晚上睡觉的时候，这名书生做了三个梦：第一个梦，是自己站在墙头种白菜；第二个梦，是自己在下雨天穿着蓑衣打着伞；

高效思考：
拥有快速解决问题的能力

第三个梦，是自己与心爱的姑娘躺在一起，但却是背对彼此，谁也不理谁。

从梦中惊醒后，书生百思不得其解，便决定去找城里的算命先生将这三个梦解说一下。原本古人就比较重视梦境，认为其是上天给与人们的警示，更何况如今还临近考试，书生更是觉得，这三个梦必然有着深刻的寓意。

进城后，书生很快找到了一位算命先生，将自己所做的三个梦告知了对方。算命先生听后，摇摇头对书生说道："你还是收拾东西，准备打道回府吧！墙头种白菜，那说明是白费劲；穿蓑衣打伞，那就是多此一举；和心爱之人都躺一块了，却只是背靠背，可见好事难成啊！"

算命先生的话让书生非常沮丧，一下子就对此次科举考试失去了信心，越琢磨就越是觉得自己或许真的存在诸多不足，恐怕难以高中。这么想着，书生回到旅店之后，便开始悻悻然地收拾行李。

旅店老板看到书生的举动，非常惊讶，便问他："明天就要开始考试了，您现在这是做什么啊？"

书生叹了口气，将整件事情告诉了旅店老板。谁知，旅店老板听完之后却乐了，大笑着对书生说道："先生，您这梦可是吉兆啊！这样吧，我也会解梦，不如让我来给您解一解。所谓墙头种白菜，那不是高种（中）吗？穿着蓑衣还打着伞，那说明您这是有备无患啊！与心爱之人一同背靠背，这是在预示着您翻身可得呢！"

听了旅店老板的解释，书生顿时觉得他解释的特别有道理，比那个算命先生靠谱多了！于是，书生顿时信心倍增，精神振奋，觉得自己这次一定会如老板所言，顺利金榜题名！

故事中，书生对自己未来所产生的直觉性判断，就完全是受了心态的影响。在未曾解梦之前，他的心态是比较平和的，也不曾对即将到来的考试产生过什么太明显的直觉。但在听完算命先生对梦境的解说之后，书生的心态变得消极起来，并且在这种心态的影响下，逐渐生出了自我怀疑，甚至产生了自己将会名落孙山的"直觉"；而之后，书生又从旅店老板那里听到了截然不同的说法，从而找回了信心，心态也变得积极起来，与此同时，随着心态转变的，自然还有"直觉"。

　　书生还是同一个书生，中途也并没有发生什么与科考相关的事情，但只是心态的变化，便让他对科考结果的"直觉性判断"产生了截然不同的结果。可见，心态对直觉的影响是非常大的。

　　不同的心态对我们所产生的心理暗示也是不同的，而不同的心理暗示则会促使我们对未来生出截然相反的"直觉"。就像一首歌谣中所唱的："积极的心态如太阳，照到哪里哪里亮；消极的心态似月亮，初一、十五都不一样。"

　　美国著名的心理学家威廉·詹姆士说过这样一句话："人可以通过改变自己的心态去改变人生。"相应地，人也可以通过改变自己的心态，去影响对未来的"直觉性判断"。换言之，当你对未来生出某种不好的直觉时，或许只要改变一下你的心态，直觉也会随之发生转变。所以说，不要过分迷信和依赖直觉，虽然它有时确实能够帮助我们对未来做出一些预判，甚至是规避一些危险，但很多时候，它的产生也不过是基于我们当下的境况与心理状态罢了。

　　无论何时，我们都应该学会调整自己的心态，将潜意识中积极的一面调动起来，让自己成为一个积极向上、人格健全的人。

人生不如意之事，十之八九。重要的是，我们是否能够保持积极向上的人生态度，从而拥抱光辉灿烂的人生。